岩心钻探孔内事故处理工具手册

主　编　王年友

副主编　谢文卫　苏长寿

U0332069

中南大学出版社

www.csupress.com.cn

内容简介

Introduction

本手册是针对地质钻探、煤田钻探、煤层气钻探以及深部地质找矿工程需要而编写的。手册较系统地介绍了石油钻井中常用的打捞、套取、震击等处理事故的工具种类、结构原理及其使用维护;介绍了地质岩心钻探常见事故处理工具及特殊事故处理工具,全书共五章。

本手册内容较全面,并附有相关事故处理工具生产厂家,可供广大生产一线的技术人员、采购人员以及机台工人参考,也可根据原理图进行现场加工制作。

图书在版编目(CIP)数据

岩心钻探孔内事故处理工具手册/王年友主编. —长沙:中南大学出版社,2011. 4

ISBN 978-7-5487-0213-9

Ⅰ.岩... Ⅱ.王... Ⅲ.取心钻进 – 事故处理 – 手册

Ⅳ. P634. 5 –62

中国版本图书馆 CIP 数据核字(2011)第 032545 号

岩心钻探孔内事故处理工具手册

王年友 主编

□责任编辑 刘石年 胡业民

□责任印制 文桂武

□出版发行 中南大学出版社

社址:长沙市麓山南路　　　　　邮编:410083

发行科电话:0731-88876770　　　传真:0731-88710482

□印　 装 长沙理工大印刷厂

□开　 本 710×1000 B5 □印张 9.75 □字数 185 千字

□版　 次 2011 年 4 月第 1 版 □2011 年 4 月第 1 次印刷

□书　 号 ISBN 978-7-5487-0213-9

□定　 价 38.00 元

前言 /
Foreword

钻探工程是一项极其隐蔽的地下工程，存在着大量的模糊性、随机性、复杂性和不确定性。钻探工程技术是一个探索性很强的技术，也是一项高风险作业。由于对地层岩石的认识不清或钻探技术选择不当以及操作者的决策失误，往往会造成许多井下复杂情况，甚至出现严重的孔内事故，例如钻具的折断、烧钻、卡钻、埋钻、井壁坍塌等。"十一五"期间，作者承担了地质大调查项目"岩心钻探孔内事故处理工具的研究"，通过项目的前期调研，发现石油钻井孔内事故的处理工具都很齐全，处理方法非常规范，不管遇到什么样的事故都有相对应的处理工具。而地质岩心钻探，特别是绳索取心钻探，只有简单的打捞公锥，打捞失败后用反丝钻杆反出孔内钻杆或用割刀切割，最后剩余部分用磨削的方法进行处理，而且大部分事故工具都需要自己现场制作。由于处理方法单一，处理工具种类少，经常耽误了处理事故的最佳时间，甚至造成钻探工作量的报废。根据目前地质岩心钻探处理事故过程中存在的问题，我们课题组在项目实施过程中，收集了一部分石油钻井中常用的事故处理工具以及地质岩心钻探常用的事故处理工具资料；还收集了我国老一辈钻探工人在实践中自己发明的一些打捞工具，编辑成了这本《岩心钻探孔内事故处理工具手册》。共收集了 **70** 多种打捞、套取、切割、磨削、震击等事故处理工具，并建有岩心钻探孔内事故处理工具数据库及岩心钻探孔内事故处理工具实物库，可供从事地质岩心钻探、水文水井钻探、煤层气钻探、超深井钻探等施工人员参考。数据库网址为：**http://www.cniet.com**，也可根据手册原理图自行设计加工制作。

参加本手册编写的还有勘探技术研究所谢文卫、苏长寿两位教授级高级工程师。在编写过程中，得到了贵州高峰石油机械厂、牡丹江双佳石油机械厂以及大屯煤田地质队王洪文技师的大力支持，提供了大量的技术资料，在此表示衷心感谢！

由于编写经验不足以及收集到的资料有限，书中难免存在一些不足和错误，恳请广大读者批评指正。

编者

目录 / Contents

第 1 章 孔内事故打捞工具

1.1 打捞矢锥

1.1.1 普通公锥

公锥是一种专从钻杆(套管)内孔进行造扣打捞的工具。主要用于打捞各种规格的套管、绳索取心钻杆及普通钻杆、岩心管。公锥螺纹分右旋螺纹与左旋螺纹,接头螺纹与打捞螺纹旋向一致。与正、反扣钻杆配合使用,可用于不同的打捞工艺。公锥由高强度合金钢锻料车制,并经过渗碳、淬火、回火。硬度达 HRC 60～65,公锥开有轴向切削槽,便于造扣。如图 1－1 和表 1－1 所示。

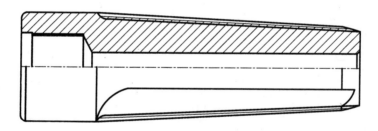

图 1－1　普通公锥

1.1.2 偏水眼公锥

把正常公锥的下部水眼堵死,而从侧面开一个新的水眼,这个新水眼,不能开在造扣部位,而应开在造扣部位以下。如果偏水眼公锥与弯钻杆配合在一起使用,则偏水眼的方向一定要与弯钻杆的弯曲方向相反。由于是偏水眼,在开泵循环时,利用液流的反推力,将公锥推向井壁一边,钻杆旋转一周,公锥可沿井眼周边探测一周。同时我们还可以利用泥浆泵排量的大小变化,来调节公锥的侧向反推力,排量越大,公锥的位移越大,排量越小,公锥的位移越小,停止循环时公锥垂直向下。由于它活动范围大,且可以自由调节,有时用弯钻杆很难找到事故源头,用偏水眼公锥却可以找到,这是它的优点。但是,由于是偏水眼,冲洗液循环时直接冲刺孔壁,对不稳定地层容易造成冲垮。由于它有这个弱点,所以不到万不得已时，很少用偏水眼公锥。偏水眼公锥另一缺点是不能通过公锥中心眼通水，大泵量冲孔可能将孔壁冲垮。偏水眼公锥的结构、规格型号如图1-2、表1-1所示。

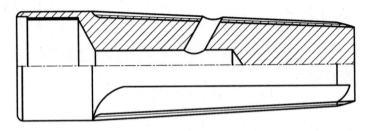

图1-2　偏水眼公锥

表1-1　普通公锥与偏水眼公锥规格型号

序号	名称	连接方式	打捞内径/mm	生产商
1	P 规格正反公锥	ϕ50 钻杆螺纹	107 ~ 117	勘探技术研究所
2	H 规格正反公锥	ϕ50 钻杆螺纹	77 ~ 100	勘探技术研究所
3	N 规格正反公锥	ϕ50 钻杆螺纹	57 ~ 63	勘探技术研究所
4	B 规格正反公锥	ϕ54 外平钻杆螺纹	42 ~ 46	勘探技术研究所
5	普通钻杆正反公锥	ϕ54 外平钻杆螺纹	22 ~ 42	勘探技术研究所
6	P 规格偏水眼公锥	ϕ50 钻杆螺纹	107 ~ 117	勘探技术研究所
7	H 规格偏水眼公锥	ϕ50 钻杆螺纹	77 ~ 100	勘探技术研究所
8	N 规格偏水眼公锥	ϕ50 钻杆螺纹	57 ~ 63	勘探技术研究所
9	B 规格偏水眼公锥	ϕ54 外平钻杆螺纹	42 ~ 46	勘探技术研究所
10	普通钻杆偏水眼公锥	ϕ54 外平钻杆螺纹	22 ~ 42	勘探技术研究所

1.1.3　套管公锥

套管公锥主要用于打捞各种规格的套管，可根据落物水眼尺寸选择公锥规格，并检查打捞部位螺纹和接头螺纹是否完好无损。套管公锥结构、规格型号如图1-3和表1-2所示。

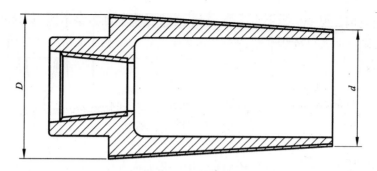

图1-3　套管公锥

表1-2　套管公锥规格型号

规格	D/mm	d/mm	连接方式	生产商
$\phi73/65$	73	36	$\phi50$ 钻杆螺纹	勘探技术研究所
$\phi89/65$	89	54	$\phi50$ 钻杆螺纹	勘探技术研究所
$\phi108/65$	108	73	$\phi50$ 钻杆螺纹	勘探技术研究所
$\phi127/65$	127	92	$\phi50$ 钻杆螺纹	勘探技术研究所
$\phi146/65$	146	65	$\phi50$ 钻杆螺纹	勘探技术研究所

1.1.4　打捞母锥

1. 用途

母锥是用造扣方法从管柱顶部外径打捞钻杆的一种常用工具，绳索钻杆因与孔壁间隙过小而无法使用，因而母锥主要用于打捞普通金刚石钻探用 $\phi50$ 或 $\phi54$ 外平钻杆。母锥的加工和公锥一样，是由高强度合金钢锻造、车制并经热处理制成。母锥结构如图1-4、图1-5所示。

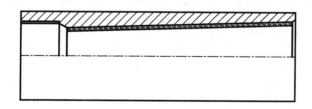

图1-4　母锥

2. 结构

母锥是长筒形整体结构，由接头与内锥面上有打捞螺纹的本体构成，如图1-5所示。母锥采用高强度合金钢锻件制造。为了便于造扣，打捞螺纹上开

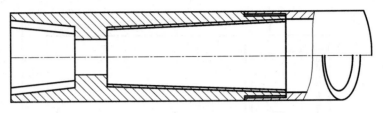

图 1-5 带引鞋母锥

有切削槽。带引鞋母锥下部连接引鞋，用于将靠向孔壁的落鱼收拢到中心来。

母锥也分右旋螺纹与左旋螺纹两种，右旋螺纹母锥用于正螺纹钻杆打捞作业，左旋螺纹母锥用于反螺纹钻杆倒扣作业。

3.使用方法

(1)根据落物水眼尺寸选择母锥规格，检查打捞部位螺纹和接头螺纹是否完好无损。

(2)测量各部位的尺寸、绘出工作草图、计算鱼顶深度和打捞方式。

(3)用相当于落鱼硬度的金属物敲击打捞部位螺纹的方法检验打捞螺纹的硬度和韧性。

(4)打捞母锥下井时一般应配接震击器和安全接头。

(5)下钻到鱼顶深度以上 1~2 m 时开泵冲洗，然后以小排量循环并下探鱼顶。根据下放深度、泵压和悬重的变化判断母锥是否进入鱼顶，手摸方钻杆有挂扣感觉、泵压升高、悬重下降说明母锥已进入鱼顶。

1.1.5 偏心公锥接头

1.概述

偏心公锥接头主要用于事故头处超径严重，弯钻杆或偏水眼公锥无法进入事故钻杆的情况下，偏心接头上与钻杆连接，下与普通公锥连接，也可与其他打捞工具连接，进入到钻孔的大肚子孔段，如果超径较大或超径孔段较长，下端还可连接打捞筒、弯钻杆或壁钩等。该接头的缺点是不能通过公锥中心眼通水。

2.结构

偏心接头主要由活塞、马蹄形活塞杆、锥形接头组成，锥形接头可连接打捞矢锥、打捞筒等，如图 1-6、表 1-3 所示。

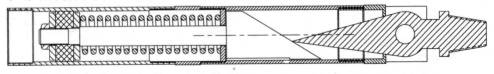

图 1-6 偏心公锥接头

表1-3　偏心公锥接头规格型号

序号	规格型号	连接螺纹	打捞内径/mm	生产商
1	P规格偏水眼公锥接头	φ50钻杆螺纹	107~117	勘探技术研究所
2	H规格偏水眼公锥接头	φ50钻杆螺纹	77~100	勘探技术研究所
3	N规格偏水眼公锥接头	φ50钻杆螺纹	57~63	勘探技术研究所
4	B规格偏水眼公锥接头	φ54外钻杆螺纹	42~46	勘探技术研究所

1.1.6　可弯接头

1. 概述

可弯接头与偏心公锥接头一样，是可与打捞筒、壁钩等配合使用的专用工具，它除了能抓住倾斜度很大的落鱼外，还能寻找掉入"大肚子"里或上部有棚盖等堵塞物的落鱼。可弯肘节可承受拉、压、扭、冲击等负荷。在处理事故过程中可通水循环。

2. 结构

可弯接头主要由上接头、筒体、限流塞、活塞、活塞凸轮、凸轮座、接箍、方圆销、定向短节、球座、调整垫、下接头及密封装置等组成，如图1-7、表1-4所示。

3. 工作原理

可弯接头在未投入限流塞之前，相当于一直接头。需要弯曲时，投入预先配好的限流塞，堵住活塞水眼。开泵后活塞在液压作用下向上接头运动，推动凸轮绕转向销子作水平摆动，顶推定向短节偏转，即可实现弯曲。

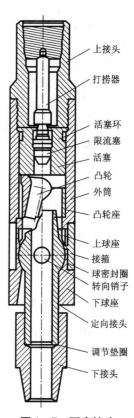

上接头
打捞器
活塞环
限流塞
活塞
凸轮
外筒
凸轮座
上球座
接箍
球密封圈
转向销子
下球座
定向接头
调节垫圈
下接头

图1-7　可弯接头

4. 使用操作

（1）钻具组合

壁钩+卡瓦打捞筒+可弯肘节+钻杆。

在井下情况不明时：壁钩+卡瓦打捞筒+安全接头+可弯肘节+下击器+上击器+钻铤（1柱）+钻杆。

如果井眼直径很大，可弯肘节下端打捞工具的回转半径较小时，可在打捞工具和可弯肘节之间接几米短钻杆，以加大壁钩的回转半径。也可在可弯肘节上部接 2 - 3 根钻铤以增加其刚性；有利于找鱼顶。

若估计落鱼可能被卡时，应在可弯肘节与钻具之间接上击器、下击器等工具。必要时也可以方便地退出打捞筒。需注意不能将安全接头接在可弯肘节之上。

（2）井口试弯曲

根据钻具内径选用合适的限流塞、活塞和打捞器。将活塞装进可弯肘节，放大限流塞，接上方钻杆开泵试验，检查是否弯曲。同时记录试验排量和泵压，以供井下操作时参考。

（3）打捞操作

根据井径及落鱼的特点选用合适的可弯肘节。

钻具下到鱼顶，开泵冲洗鱼顶沉砂，试探鱼顶。

停泵，往钻具内投入预先选好的限流塞，开泵送塞入座（注意：限流塞入座以后泵压会突然增高，在限流塞即将到位前应减小排量）。

以小排量循环憋压打捞，只要保证可弯肘节有 8 ~ 10 MPa 的压降，即可弯曲。

（4）注意事项

不论可弯肘节连接哪种打捞工具，下部壁钩钩尖都必须调整到与可弯肘节弯曲方向相同。改变可弯肘节下接头内的调整垫圈的厚度即可调整下部工具的方向。

打捞工具上部必须接一根加重钻杆，否则，只靠自身重量不易捞住。

5.规格及性能参数

表 1 - 4　可弯接头规格参数

型号	外径/mm	连接螺纹 API		水眼直径/mm	弯曲角度/(°)	最大抗拉载载荷/kN	最大工作扭矩/kN·m
		上接头	下接头				
KJ102	102	NC31	NC31	25	7	1198	10.4
KJ108	108	NC31	NC31	35	7	1350	13.2
KJ120	120	NC31	NC31	45	7	1690	18.3
KJ146	146	NC38	NC38	60	7	2390	28.9
KJ165	165	NC50	NC50	70	7	2910	37.3
KJ184	184	51/2FH	NC50	75	7	3450	45.6
KJ190	190	51/2FH	NC50	80	7	3600	47.3
KJ200	200	51/2FH	NC50	85	7	2580	51.3
KJ210	210	51/2FH	NC50	90	7	4140	55.0

6. 维护与修理

①经使用后的可弯肘节，起出井后，应及时清洗，特别注意清洗限流塞；然后拆卸保养，以免泥浆锈蚀工具。

②卸掉上下接头。

③卸下球座和定向短节，并清洗球面。

④起出活塞和限流塞并进行清洗，损坏的橡胶件必须更换。

⑤起出（或不起出清洗）凸轮和凸轮座并洗干净。

⑥检查是否有损坏的零件，有损坏的零件必须更换；并按以上拆卸顺序反向操作，装好可弯肘节待用。

⑦再装配时首先检查凸轮、定向短节铰接部位的转动灵活性，应无卡滞现象。

⑧装配时凸轮面涂防蚀脂，螺纹部位涂钻具螺纹脂。

⑨紧扣后，装入限流塞试验压力 15 MPa，保压 5 min，工具压力降不得超过 0.75 MPa，合格后备用。

1.1.7 矢锥卡捞器

1. 用途

矢锥卡捞器用于打捞各种大口径套管、井管、特别适用于打捞公锥无法吃扣的塑料井管等。结构如图 1-8 所示。

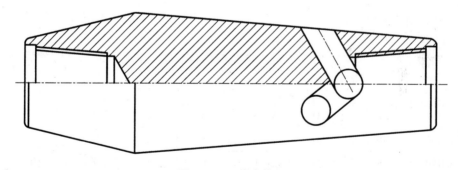

图 1-8 矢锥卡捞器

2. 使用说明

如落鱼内有掉块等，卡捞器下部可连接钻头，放入与卡捞器外径接近的钻杆或套管内，然后从钻杆内孔投入钢砂，卡在卡捞器与打捞物的环隙中，即可把落物打捞上来。

1.2　打捞矛

1.2.1　可退式打捞矛

可退式打捞矛用于打捞油管、钻杆、套管。根据具体情况，它还可以同内割刀等工具配用，使打捞、切割一次完成。

可退式打捞矛由芯轴、卡瓦、释放环、引锥等组成，每个型号的打捞矛可配多个不同尺寸的卡瓦，供作业时选用。结构如图1-9所示。

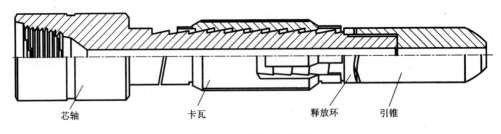

芯轴　　　　　　卡瓦　　　　　释放环　　　引锥

图1-9　可退式打捞矛

进行打捞作业前，首先应检查落鱼水眼的实际尺寸，特别是对使用了较长时间的管具，更应如此。然后按表1-5选取相应型号的卡瓦。

卡瓦选择好后，需组装好，上紧引锥，下井前，卡瓦处于释放位置，即卡瓦应下旋抵住释放环。

慢慢下放钻柱，直至打捞矛进入落鱼的预计深度，左旋1.5~2圈，然后慢慢向上提钻具，即可捞住落鱼。

在孔内退出打捞矛，首先利用钻具重量下击，松开卡瓦与落鱼的咬合；右旋工具3~3.5圈；然后用大于打捞矛悬重2~3t动力上提，一般就可退出落鱼，此时也可以边右旋边上提。

经使用后的打捞矛，应及时清洗，并仔细检查各零件，尤其是卡瓦和芯轴，有必要的话应探伤检查，发现裂纹者，必须更换。重新组装后，进行防锈处理，配戴护丝，备下次使用。

打捞矛技术参数见表1-5。

表 1-5　可退式打捞矛技术参数

型号	卡瓦代号	打捞落物尺寸/mm	引锥直径/mm	抗拉载荷/kN	连接螺纹
TLM48	TLM48-2A	40	37	200	φ50 钻杆螺纹
	TLM48-2B	44			
TLM60	TLM60-2C	46	44	270	φ50 钻杆螺纹
	TLM60-2B	50			
	TLM73-2B	62			
	TLM73L-1	59			
TLM73A	TLM73-2C	54	52	280	φ50 钻杆螺纹
	TLM73-2A	57			
TLM73C	TLM73C-2A	60	55	430	φ50 钻杆螺纹
	TLM73C-2B	69			
	TLM73C-2C	73			
TLM73L	TLM73L-2A	63	52	430	φ50 钻杆螺纹

1.2.2　倒扣捞矛

1. 结构原理

ZDM 型钻具倒扣捞矛结构见图 1-10，矛体上部为反扣钻杆接头螺纹，下部有引导锥，以方便工具与落鱼接头螺纹进行对扣。工具对上扣后，上提钻具，胀扣套即可牢牢地撑住落鱼，然后就可进行倒扣作业了。ZDM 型捞矛上部接头螺纹也有正扣形式的，在订货时必须注明"双正扣"。

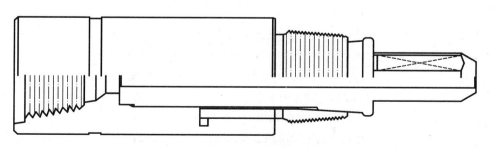

图 1-10　倒扣捞矛

2. 操作

在倒扣作业时，钻具倒扣捞矛由反扣钻具送入井下，若是双正扣形式的则由正扣钻具送下。引导锥找到落鱼水眼后，正转，让胀套与落鱼上部螺纹旋合。

上提钻具，胀扣套被胀大，紧紧地撑住落鱼，即可进行倒扣作业。

上提力大小以可倒开落鱼重量与送入钻具重量之和为宜，一般情况下，上提超过送入钻具悬重 100～200 kN 就可以将下部钻具倒开。

钻具组合：钻具倒扣捞矛 + 反扣钻具。

也可以为：钻具倒扣捞矛 + 反扣下击器 + 反扣钻具。若是双正扣工具，上部钻具为正扣。

3. 使用注意事项

①ZDM 型工具使用前须先对扣，故鱼顶应有相应的完整母扣。

②若井下钻具被埋卡，一定要先套铣，后倒扣。

③卡钻后，反复强行转动，可能使落鱼接头扣上得太死，或使胀扣套严重变形而难以倒开工具。

④胀扣套不得摔、碰、重压，使用三次以上应更换备件。

4. 维护保养

①使用后的工具应清洗干净，并仔细检查各零件，尤其是胀扣套。

②重新装配的工具，应进行防蚀处理，并配戴护丝，备下次使用。

5. 技术参数

见表 1-6 所示。

表 1-6 贵州高峰钻具倒扣捞矛技术参数

型号	外径 /mm	内径 /mm	连接螺纹 API	打捞螺纹 API	适用倒扣钻具*	最大提拉负荷/kN
ZDM40	152	28	NC46LH	NC46	4～4 1/2″钻杆 6 1/4～6 3/4″钻铤	350
ZDM46	121	12	NC38LH	NC38	3 1/2″钻杆 5″钻铤	350
ZDM46S	121	12	NC38	NC38	1/2″钻杆	350
ZDM62	159	28	NC50LH	NC50	4 1/2～5″钻杆 7″钻铤	500

* 钻具规格为英制单位，属应淘汰的计量单位，其中 1 英寸(″) = 25.4 mm。

1.2.3　可退式倒扣捞矛

1. 概述与用途

可退式倒扣捞矛，是用来打捞绳索取心钻杆、套管的工具。它是从落鱼的内径进行打捞倒扣的，当捞住落鱼后需要在井内释放时，也可以释放，并能进行洗井循环的打捞作业。

2. 结构与工作原理

可退式倒扣捞矛由上接头、花键套、定位螺钉、限位块、卡瓦、矛杆等零件组成。其结构及技术参数见图 1 - 11、表 1 - 6。

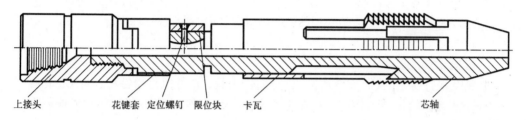

| 上接头 | 花键套 | 定位螺钉 | 限位块 | 卡瓦 | 芯轴 |

图 1 - 11　可退式倒扣捞矛

当卡瓦接触落鱼时，卡瓦与矛杆开始产生相对移动，卡瓦从矛杆锥面脱开，矛杆继续下行，花键顶着卡瓦上端面，迫使卡瓦缩进落鱼内。由于卡瓦直径大于落鱼内径，分瓣卡瓦受向内压力，靠其反弹力，卡瓦紧贴在管壁上，下放到位后，指重表回降时，开始上提钻具，此时卡瓦、矛杆的内外锥面贴合，产生径向胀紧力，实现打捞。若此时再旋转钻杆，便产生力矩，力矩将通过上接头的牙嵌花键套上的内花键传到矛杆上均布的三等分键再传给卡瓦和落鱼，便可实现倒扣。

如果在井中需要退出工具，必须下击矛杆，使矛杆与卡瓦内锥面脱开，然后右旋钻杆 1/4 圈，使卡瓦下端大倒角进入矛杆锥面上三个键起端倾斜面夹角内，上提钻具，卡瓦和矛杆锥面不再贴合，即可退出工具。

在钻台上从落鱼水眼卸打捞矛的方法：卸打捞矛的方法也是先下击再右旋即可。

4. 维护与保养

①工具出井后，用清水冲洗干净。

②检查各零件，特别是卡瓦、矛杆需经整体探伤检查，发现有裂纹或损坏，应更换。

③各零件重新组装后，涂防锈油，配戴相应护丝，以备下次使用。

5. 技术参数

见表 1 - 7 所示。

表 1 - 7　可退式倒扣捞矛性能参数

型号	外径 /mm	引锥直径 /mm	连接螺纹	落物内径 /mm	许用倒扣扭矩 /kN·m
DLM - T48	95	39	φ50 钻杆螺纹	40 ~ 42	3.3
DLM - T55	65	57	φ50 钻杆螺纹	58 ~ 61	4.2
DLM - T60	100	49	φ50 钻杆螺纹	50 ~ 52	5.8
DLM - T73	105	61	φ50 钻杆螺纹	62 ~ 78	7.7
DLM - T89	121	70	φ50 钻杆螺纹	76 ~ 91	15

1.2.4　滑块捞矛

1. 概述

滑牙块打捞矛(或简称滑块捞矛)是内捞工具,它可以打捞钻杆、油管、套铣管、衬管、封隔器、配水器等具有内孔的落物,又可对焊卡落物进行倒扣作业或配合其他工具使用(如震击器、倒扣器等)。它结构简单、操作方便、便于维修保养。

2. 结构

滑块捞矛由上接头、矛杆、滑牙块、挡块及螺钉组成。有单滑牙块(D)、双滑牙块(S)、三滑块(T)捞矛三种类型。结构如图 1 - 12 所示。

①上接头:与钻柱连接,其下端有与矛杆连接的内螺纹及与引鞋连接的外螺纹。接头体上有正反扣识别槽。

②矛杆:外径比被打捞的落物内孔小 3 ~ 4 mm。杆身下端除引锥外,还有一燕尾安装滑牙块,倾斜的燕尾导轨的终端处有一安装挡块的横向燕尾槽,以阻止滑牙块滑出。另外,为了加大提拉负荷,可将矛杆与上接头做成一体。为了冲洗鱼顶,大多数矛杆从上至下有水眼。

③滑牙块:圆弧外径与被打捞落物内径相同,表面加工有梳形尖齿。圆弧背部有与矛杆燕尾导轨相同斜度的燕尾槽。

④挡块:安装在矛杆横向燕尾槽内,并被螺钉拧紧在矛杆上,用以限定滑牙块的最大工作位置。

3. 工作原理

当矛杆与滑牙块进入鱼腔之后,滑牙块依靠自重向下滑动,滑牙块与斜面产生相对位移,滑牙块齿面与矛杆中心线距离增加,使其打捞尺寸逐渐加大直至与鱼腔内壁接触为止。上提矛杆斜面向上运动所产生的径向分力迫使滑牙块齿面咬入落物内壁,抓住落物。若需要倒扣,接头螺纹为正扣的捞矛,其滑牙块为反扣,需把工具左旋(俯视),滑牙块越咬越深直至落鱼倒开。接头螺纹为反扣的捞矛则

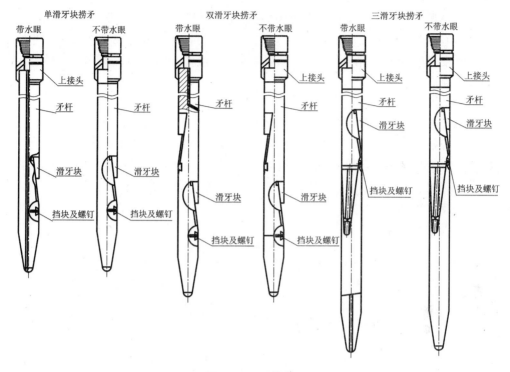

图 1-12　滑块捞矛

相反。在需要从井里退出捞矛时，操作方法与倒扣相反，必要时可启动震击器震松滑牙块后再退出捞矛。

4.使用与操作

①地面检查矛杆尺寸(实际测量)是否合适，滑牙块能否自由下滑(滑牙块对落鱼的打捞位置应距挡块以上 5 mm)，并在滑牙块滑道上涂机油、用手来回滑动，便其运动灵活。

②下钻柱至鱼顶，记好钻柱悬重，开泵洗井。

③上提钻柱，悬重增加，则捞获落鱼。

④倒扣时，将悬重提至设计的倒扣负荷后再增加 10~20 kN，即可进行倒扣作业。正扣捞矛左旋转柱、将落鱼倒开。反扣捞矛则相反。倒扣作业时不能多次倒扣，应尽量一次倒开，这样可避免把落鱼倒散、形成多落鱼或多处松扣，增加打捞难度。

⑤在鱼顶退出捞矛时，钻柱下压(下压力 1~1.5 t)，正扣捞矛右旋使滑牙块与落鱼内径松开，并缓慢上提，即可退出捞矛，反扣捞矛旋向相反。

⑥在地面将捞矛退出鱼腔的操作方法：

a)将落鱼管柱掉头，使捞矛接头向下，用高悬矛头扽碰接头，使斜面上行，滑牙块松开，滑牙块依靠自重或冲击震动力下落于最小位置，即可将捞矛取出。

b)将落鱼单根平放或斜放，垫上方木或软质材料，用榔头敲击捞矛接头，使之进入鱼腔，斜面下行，滑牙块松开，然后用手摇动接头，边摇边转，即可退出捞矛。

5. 维护与保养

①工具使用后，应冲洗干净。

②检查各螺纹是否完好，滑牙块有无损伤，齿尖是否磨平；燕尾槽和矛体上导轨是否划伤、损坏，滑牙块移动是否灵活。如有损坏应进行修复或更换。

③组装时滑动配合面应涂抹润滑油，保证滑动灵活性。接头螺纹涂防蚀脂并佩带相应护丝。

6. 技术参数

如表 1-8 所示。

表 1-8 滑块捞矛技术参数

型号	最大外径/mm	连接螺纹	被捞管柱内径/mm	许用提升负荷/kN
LM - D48	79	φ50 钻杆螺纹	38 ~ 42	251
LM - D60	86	φ50 钻杆螺纹	42 ~ 53	496
LM - D73	105	φ50 钻杆螺纹	52 ~ 65	780
LM - D89	105	φ50 钻杆螺纹	64 ~ 80	1000
LM - D102	105	φ50 钻杆螺纹	77 ~ 92	1147
LM - D114	105	φ50 钻杆螺纹	90 ~ 102	2245
LM - D127	121	φ50 钻杆螺纹	103 ~ 117	2719
LM - D140	135	φ50 钻杆螺纹	115 ~ 129	3854

1.3 打捞筒

1.3.1 开窗打捞筒

开窗打捞筒是一种用来打捞长度较短的管状、柱状落物或具有卡取台阶落物的工具，如带接箍的钻杆等。也可在工具底部开成"一把抓"。结构如图 1-13 所示。

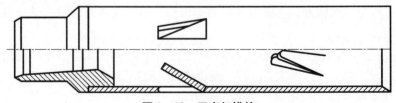

图 1-13 开窗打捞筒

1.3.2 钢丝打捞筒

1. 用途

钢丝打捞筒是地质钻探工作中针对施工过程中需要打捞在孔内不同位置、不同形状的小件落物而设计的,它具有结构简单、操作方便、性能可靠、体积小、重量轻等优点。截止装置利用弹性好、韧性好、强度高的钢丝束呈螺旋状分布,安装在打捞筒内管靴上,孔内落物通过引鞋导入,利用钢丝的弹性使落物进入打捞筒,钢丝弹性恢复后将落物留在打捞筒内。

2. 结构

钢丝打捞筒是由上接头筒体及钢丝组成。上接头上部有与钻柱连接的螺纹,下部有与筒体连接的螺纹。筒体上有 10 排以上的钢丝,同一排钢丝有 6~12 组,向上部倾斜排列,可以挤、挂住各种小件落物。结构如图 1-14 所示。

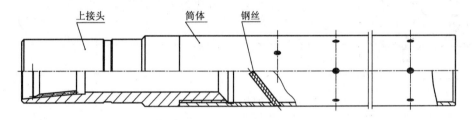
上接头   筒体   钢丝

图 1-14 钢丝打捞筒

3. 技术参数

见表 1-9 所示。

表 1-9 北方双佳钢丝打捞筒参数

序号	规格型号	外径/mm	连接螺纹	适用口径
1	GDT76	75	φ50 钻杆螺纹	N
2	GDT96	93	φ50 钻杆螺纹	H
3	GDT122	120	φ50 钻杆螺纹	P
4	GDT150	146	φ50 钻杆螺纹	S

4. 操作方法及注意事项

①检查各部螺纹是否完好,工具外径是否适合套管内径。

②慢转下放工具,下至落鱼以上 2~3 m 开泵洗井。

③继续下放钻柱,使落鱼进入工具筒体内腔(视落鱼具体情况)。

1.3.3 钢丝开窗打捞筒

1. 用途

钢丝开窗捞筒是集钢丝捞筒和开窗捞筒的组合工具。其上部开窗部分主要用来打捞长度较短的管状、柱状落物或具有卡取台阶的落物,如带接箍的油管短节、筛管、测井仪器加重杆等;其下部钢丝捞筒部分主要用来打捞井下各种小件落物,如钢丝绳、电缆、钢球、凡尔座、螺栓、螺母、刮蜡片、胶皮碎片等。

2. 结构

钢丝开窗捞筒是由筒体与上接头两部分组成。上接头上部有与钻柱连接的螺纹,下部有与筒体连接的螺纹。筒体上部有1~3排梯形窗口,在同一排窗口上有3~4只梯形窗舌,窗舌向内腔弯曲,变形后的舌尖内径略小于落物最小外径;筒体下部有10排以上的钢丝,同一排钢丝有6~12组,向上部倾斜排列,可以挤、挂住各种小件落物。结构及型号如图1-15、表1-10所示。

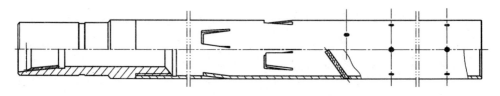

图1-15 钢丝开窗打捞筒

表1-10 钢丝开窗打筒规格型号

序号	规格型号	外径/mm	连接螺纹	适用口径
1	KDT76	75	φ50 钻杆螺纹	N
2	KDT96	93	φ50 钻杆螺纹	H
3	KDT122	120	φ50 钻杆螺纹	P
4	KDT150	146	φ50 钻杆螺纹	S

3. 操作方法及注意事项

①检查各部螺纹是否完好,测量窗舌尺寸与闭合状态的最小内径是否能与落鱼配合。

②慢转下放工具,下至落鱼以上2~3 m开泵洗井。

③继续下放钻柱,使落鱼进入工具筒体内腔(视落鱼具体情况,可以稍加钻压或不加压)实现打捞,也可将钻柱提起1~2 m,再旋转下放,重复数次,而实现

打捞。在打捞中应注意观察指重表反应，在进行第二次打捞时如无碰鱼反应，可再行打捞一次，若仍无反应，说明在上次已将落鱼捞获，即可以停泵提钻。

④提钻时应平稳操作，切勿拖碰与敲击钻柱，以免将落物震落，再次掉井。

4. 维护与保养

用完工具后，如工具损坏不大，可继续使用时，需将工具清理干净，晾干后，接头扣处涂油防锈，并放干燥处保存，以免工具锈蚀。

1.3.4　可退式卡瓦打捞筒

1. 概述

可退式卡瓦打捞筒是抓捞井内光滑外径落鱼最有效的工具，如钻铤、钻杆、接头、接箍、油管、随钻工具和测试仪器等，能承受大载荷，设计有落鱼密封结构，能用高泵压循环，也可以在井内释放落鱼；带有铣鞋，用于修整落物的飞边破口，使落鱼顺利进入捞筒。附件有加长节、壁钩、加大引鞋、锁环，可抓捞距鱼顶较远的管段，增大网捞面积，把偏倚井壁的落鱼诱入捞筒，实现倒扣打捞。该工具设计巧妙，抓捞功能完备，操作维护保养简便，使用十分灵活自如。

2. 结构原理

可退式卡瓦打捞筒的结构如图 1－16、图 1－17 所示。

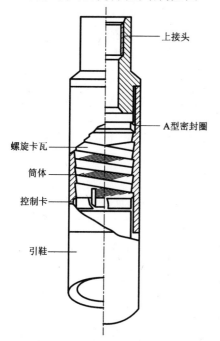

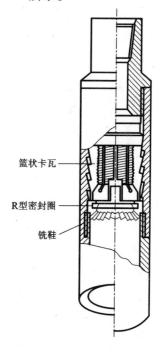

图 1－16　螺旋卡瓦打捞筒　　　　图 1－17　篮状卡瓦打捞筒

每套卡瓦打捞筒的最大抓捞直径用螺旋卡瓦根据适用对象不同而不同，如钻铤、接箍、接头和随钻工具等，通常有一种抓捞尺寸。篮状卡瓦是抓捞管身或小级的钻具，有数种抓捞尺寸。因落鱼直径减小之后再用螺旋卡瓦则使卡瓦剖面增厚，形成刚度太大，影响胀缩效果。抓捞时选用与落鱼外径相适合的一级卡瓦装入捞筒。用螺旋卡瓦时配用螺旋卡键和 A 形盘根，用篮状卡瓦时配密封控制环(带铣齿者为铣鞋)，每个密封控制环的内孔粘衬有和篮状卡瓦打捞尺寸配套的 R 形盘根和 O 形密封圈是通用件。上接头是筒体和捞柱的中间连接件，若打捞部位距鱼顶远时，在筒体和上接头之间连接加长节。筒体的下部和引鞋(或壁钩或大引鞋)连接。

筒体带有特殊宽锯齿形内螺纹，它和卡瓦的锯齿形外螺纹配合，并约束卡瓦的胀大缩小，每种卡瓦打捞筒的筒体都能换装数种打捞尺寸的卡瓦。

螺旋卡瓦形似一个圆柱弹簧，锯齿形外螺纹与筒体配合，虽然螺距一致，但和筒体螺纹接触的工作面窄得多，内孔为多头锯齿形螺纹捞牙。篮状卡瓦形似花篮，为完整的锯齿形外螺纹与筒体的锯形内螺纹配合，内孔也是多头锯形螺纹捞牙，周向开有胀缩槽，似一个弹簧卡头。无论是螺纹卡瓦还是篮状卡瓦，受轴向压力后直径增大，受拉力时直径减小；它们的内外锯齿形螺纹均为左旋，所以，顺时针旋转是卸扣；这样就可以释放落鱼，卡瓦的胀大或缩小，是使落鱼能进入卡瓦并抱紧或松开并退出的基本原因。

这里给我们提出了要求：释放落鱼既然是卸扣的原理，那么施加一定扭矩卸扣时，必须约束卡瓦只能上下运动而不应在筒体内转动，或被筒体带着一起转动。螺旋卡键或密封控制环(铣鞋)就约束了卡瓦只能在筒体内上、下运动。

筒体和卡瓦的特殊宽锯齿形螺纹配合间隙较大，径向间隙一般为 4~10 mm 或更大，这个配合间隙就是卡瓦的打捞尺寸范围。我们知道，锯齿形螺纹的纵剖面为一个锥面体，卡瓦在筒体内向大锥端运动直径增大，向小锥端运动直径减小。利用卡瓦的胀缩是落鱼顺利进入和抓牢的可靠保证。卡瓦的打捞牙必须锋利，并具有良好的韧性和硬度。

3. 使用

①A 型盘根必须装平到位，否则会形成上接头筒体的连接螺纹拧不到位，发生不密封或更为严重的事故。

②当卡瓦、控制环(或螺旋卡键)、引鞋等和筒体组装好后，必须检查卡瓦在筒体内的行程，要求上下运动十分灵活。

③打捞落鱼时，首先是旋转捞柱，便落鱼进入筒体，待落鱼和抓捞卡瓦接触应施加不定压力，强迫落鱼进入卡瓦，然后上提捞柱，落鱼即被抓住。

④抓住落鱼后，应上提捞柱离开井底 0.5~0.8 m，猛刹车 2~3 次，检查落鱼是否抓牢，这样也能使落鱼被抓得更紧，起钻时建议不要用转盘卸扣。

⑤在井内释放落鱼时，应下放捞柱并施加一定压力，使卡瓦处于筒体的宽锯

齿形螺纹大锥端,这样卡瓦和筒体就产生了间隙而松动;正转捞柱,井内落鱼即可释放。

⑥在地面退出已捞住的落鱼时,应从井内起出落鱼后留一单根在捞筒上,在钻台上拖落鱼,允许时可将落鱼插入钻盘用大钳退出落鱼,亦可在钻台下用大链钳退出落鱼,若退出落鱼困难时,也可以送维修站用液压拆装工作台退出落鱼。

4. 技术参数

见表 1 - 11 所示。

表 1 - 11

型号	外径/mm	螺旋卡瓦最大打捞尺寸/mm	篮状卡瓦最大打捞尺寸/mm	连接螺纹
LT - T89	89	65	50	$\phi 50$ 钻杆螺纹
LT - T102	102	73	63	$\phi 50$ 钻杆螺纹
LT - T105	105	82	69	$\phi 50$ 钻杆螺纹
LT - T110	110	88	63	$\phi 50$ 钻杆螺纹

1.3.5　可退式倒扣捞筒

1. 概述

倒扣捞筒既可用于打捞、倒扣,又可释放落鱼,还能进行洗井液循环。在打捞作业中,倒扣捞筒是倒扣器的重要配套工具之一,同时也可同反扣钻杆配套使用。其提拉负荷并不比可退式捞筒小,性能远比母锥及其他倒扣工具优越。

主要特点是:

①综合了各种捞筒、母锥等工具的优点,使打捞、倒扣、退出落鱼、冲洗鱼顶一次实现。

②动作灵活、性能可靠、打捞成功率高。

③结构复杂而紧凑、加工难度大。

④抗拉负荷大、倒扣力矩大。

⑤操作容易,维修简便。

2. 结构

倒扣捞筒由上接头、筒体总成、卡瓦、限位座、弹簧、密封装置和引鞋等零件组成,结构如图 1 - 18 所示。上接头下部内孔装弹簧。筒体总成的薄壁筒两端是螺纹,上部均布三个键控制着限位座的位置,筒体总成的下部是圆锥形内表面,在锥形内表面上也有三个键,与上部三个键遥遥相对,用来传递扭矩,此三个键沿锥面随波就势、高度不一,起端最高,越向下越低,到末端随同锥度消失而高度为零，起端的上端面为两倾斜面，它与筒体内表面有一夹角，这锥面使长瓦产生夹紧力，实现打捞，三个键把力矩传给卡瓦，实现倒扣。内倾斜面间的夹角，限定了卡瓦与筒体的贴合位置，使之退出落鱼。在筒体上部三个键的部位，安装有限位座，可轴向滑动。限位座由上圈、下圈和环形槽三个部分组成。上槽的外圆柱表面沿轴向有三道凸台，下圈上也有三道凸台，如果从上向下看，一右一左顺时针排列，上下圈之间是环形槽，三块圆弧形卡瓦就吊卡在环形槽中，并用紧钉螺钉锁紧。上圈的三个凸台处在筒体上部的两键之间。限位座不仅可作轴向滑动，而且还可绕轴心线转动，但转动的角度只能在 0°～90°之间。左转动的限位圈必须带动安装在环形槽内的卡瓦，随其一起运动。

卡瓦共三块，均布在限位座上，从结构上看，每块卡瓦由吊挂块，卡瓦体和卡瓦锥体三部分组成。吊挂块是一弧形块与弧形卡瓦体垂直相交接在一起。弧形块与环形槽有良好的配合。卡瓦体是弧形的薄壁板，其外是锥面，锥度同筒体下部圆锥形内表面一致，其内为圆弧面，加工有三角形牙，最下端有一个大的倒角。从尺寸上看，卡瓦内圆弧面的直径稍小于落鱼外径。由此可见，卡瓦锥面和内圆弧面上的

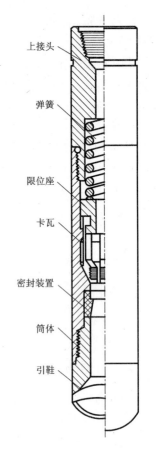

上接头

弹簧

限位座

卡瓦

密封装置

筒体

引鞋

图 1－18　可退式倒扣捞筒

牙可卡紧落鱼，卡瓦最下端大的内倒角，能很容易地引入落鱼。同时，一旦大倒角进入筒体锥面上的三个键的内倾夹角中，卡瓦就被限定，再也不能抓住落鱼。如果从安装位置上看，筒体锥面上的三个键处于三块卡瓦之间，一旦筒体上有正反扭矩，键就把扭矩传递给卡瓦至落鱼。在限位座与上接头间，安装一个大弹簧，工具在工作状态时，大弹簧顶住限位座，使卡瓦筒体锥面紧紧贴合。

3. 工作原理

倒扣捞筒的工作原理与其他打捞工具一样，倒扣捞筒在打捞或倒扣作业中，主要机构的动作过程是当内径略小于落鱼外径的卡瓦接触落鱼时，卡瓦受阻，筒体开始相对卡瓦向下滑动，卡瓦脱开筒体锥面，筒体继续下行，限位座顶在上接头下端面上迫使卡瓦外张，落鱼引入。

落鱼引入后停止下放，此时被胀大了的卡瓦对落鱼产生内夹紧力，咬住落鱼。而后上提钻具，筒体上行，卡瓦与筒体锥面贴合，随着上提力的增加，三块卡瓦内夹紧力也增大，使得三角形牙咬入落鱼外壁，继续上提就可实现打捞。

如果不继续上提,而对钻杆施以扭矩,扭矩通过筒体上的键传给卡瓦,使落鱼接头松扣,即实现倒扣。如果在井中要退出落鱼,收回工具,则将钻具下击使卡瓦与筒体锥面脱开,卡瓦最下端大内倒角进入内倾斜面夹角中,然后右旋,此刻限位座上的凸台正卡在筒体上部的键槽内,筒体带动卡瓦一起转动,再上提钻具即可退出落鱼。

4. 操作方法

①检查捞筒规格是否同打捞的落鱼尺寸相等。

②拧紧各部螺纹后将捞筒放下井中。

③捞筒下至距鱼顶 1.2 m 时开泵循环,冲洗鱼顶。待循环正常 3 ~ 5 min 后停泵,记录悬重。

④慢慢右旋,下放工具,待悬重回降后,停止旋转及下放。

⑤按规定负荷上提并倒扣,当左旋力矩减小时,说明倒扣完成,起钻。

⑥当需要退出落鱼时,将钻具下击,然后向右旋转圈并上提钻具,即可退出落鱼。

5. 维修保养

①工具起出后,用清水冲洗干净。

②检查全部零件,卡瓦进行探伤检查。如有裂纹,应更换。

③擦拭干净各接头螺纹,涂润滑脂,重新装好,妥当保存。

6. 技术参数

见表 1 – 12 所示。

表 1 – 12

型号	外径 /mm	打捞外径 /mm	许用提拉负荷 /kN	许用倒扣拉力 /kN	连接螺纹
DLT – T48	95	47 ~ 49	250	117.7	$\phi 54$ 钻杆螺纹
DLT – T60	105	59 ~ 61	350	147.1	$\phi 54$ 钻杆螺纹
DLT – T73	114	72 ~ 74	420	176.5	$\phi 50$ 钻杆螺纹
DLT – T89	134	88 ~ 91	500	176.5	$\phi 50$ 钻杆螺纹

1.3.6　可退式外打捞筒

1. 概述

可退式外打捞筒是抓捞孔内外平钻具最有效的工具,它是根据外平钻杆和其他孔内细长杆而设计的,也可用于打捞孔内钻具中的细长零部件。

该工具系列功能完备,抓捞可靠,能承受大载荷,若抓住的落鱼被卡需要释放时，能很容易又无损伤地释放落鱼而退出工具。它有螺旋卡瓦和篮式卡瓦两种，即A型和B型。此外，还带有引鞋，便于落鱼顺利进入捞筒。

该工具选用高强度优质钢材经过特殊热处理和精加工。具有极大的抗拉应力和高扭矩，即使在复杂的受力情况下也不会破坏工具和落鱼。它结构简单，设计巧妙，抓捞功能完备，操作维护保养简便，只要了解了其结构原理，使用十分灵活自如。

2. 结构

由上接头、筒体、螺旋卡瓦(或篮式卡瓦L)、引鞋、控制 环(卡)等组成。如图1-19所示。

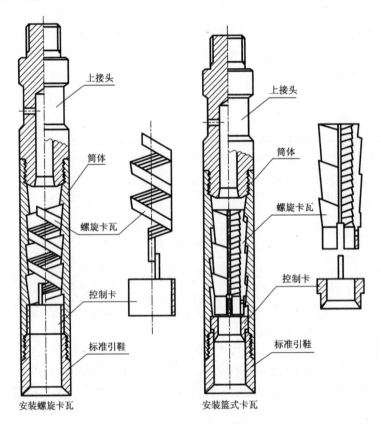

图1-19　可退式外打捞筒

①上接头：下部的外螺纹与筒体连接。中间有一阶梯形盲孔，并与外部有横孔相通，构成泥浆通道。

②筒体：分别同上接头和引鞋连接。筒体带有特殊宽锯齿形内螺纹，形成一安装卡瓦的螺旋锥面，在筒体下端的宽锯齿型螺纹的起点处有一安装螺旋卡瓦键

的槽。

③控制环:是在一个环体上焊接的长键。长键一半在筒体的键槽内,一半在篮式卡瓦的键槽内,从而保证了篮式卡瓦只能上、下滑动而不能绕工具轴线转动。

④引鞋:外径尺寸等于筒体外径,能引导落鱼进入捞筒。

⑤卡瓦:分为螺旋卡瓦和篮式卡瓦两类,篮式卡瓦为圆筒状,内部抓捞牙为多头左旋锯齿型螺牙,

螺牙锋利坚硬。纵向开有等分胀缩槽,似一个弹簧卡头。外部有一宽锯齿左旋螺纹与筒体内螺纹配合,起夹紧作用。螺旋卡瓦形如弹簧,结构同篮式卡瓦类似。

3. 工作原理

打捞筒的抓捞零部件是螺旋卡瓦和篮式卡瓦,由于它外部的宽锯齿螺纹和内部抓捞牙均为左旋螺纹,卡瓦和筒体的特殊宽锯形螺纹配合间隙较大,这样就能使卡瓦在筒体内有一定行程能胀大和缩小。当落鱼引入捞筒后,只要施加一轴向压力,卡瓦在筒体内上行。由于轴向压力使落鱼能进入卡瓦,此时卡瓦上行并胀大,运用它坚硬锋利的螺牙借弹性力的作用将落鱼抱住。当上提捞柱,卡瓦在筒体内相对地向下运动。因宽锯齿螺纹的纵断面是锥形斜面,卡瓦必然带着沉重的落鱼向锥体的小端运动。此时落鱼重量越大卡得越紧。整个重量由卡瓦传递给筒体。

筒体的宽锯齿螺纹和内部抓捞牙均为左旋螺纹。卡瓦与筒体配合后,也由控制环或控制卡约束了它的旋转运动,所以释放落鱼时,只要施加一定压力,接着顺时针旋向转动捞柱,落鱼即可释放。由于抓捞牙为多头左旋螺纹,退出的速度较快。

4. 使用与操作

①当卡瓦、控制环(或控制卡)、引鞋等和筒体组装好后,必须检查卡瓦在筒体内的行程,要求上下运动十分灵活。

②将可退式打捞筒连接在钻杆上下入孔内。

③打捞落鱼时,首先是旋转捞柱,缓慢旋转下放,直至悬重减轻为止,使落鱼进入筒体,待落鱼和抓捞卡瓦接触时应施加一定压力,强迫落鱼进入卡瓦。

④上提捞柱,若悬重增加则表示打捞成功。抓住落鱼后,应上提捞柱距井底0.5~0.8 m,猛刹车2~3次,检查落鱼是否抓牢,这样也能使落鱼被抓得更紧,起钻时建议不要用转盘卸扣。

⑤抓住孔内钻杆杆后,一旦遇卡,应下放捞柱并施加一定压力,使卡瓦处于筒体的宽锯形螺纹大锥端,这样卡瓦和筒体就产生了间隙而松动,接着顺时针旋向转动捞柱并上提,井内落鱼即可释放。

⑥在地面退出已捞住的落鱼时,应从井内起出落鱼后留一单根在捞筒上,在钻台上拖落鱼,允许时可将落鱼插入钻盘用大钳退出落鱼,亦可在钻台下用大链

钳退出落鱼，若退出落鱼困难时，也可以送维修站用液压拆装工作台退出落鱼。

5. 维护与修理

①捞筒从井内取出后，在钻台上应用清水冲洗干净。

②送维修站完全拆卸检查，若零件损坏不能使用，应更换新零件。

③连接螺纹和台肩面有轻微损伤者，允许用细锉和砂布修复使用。

④打捞作业中捞筒承受重负荷后，或是强震击后，各主要零件必须进行探伤。

⑤捞筒不使用或库存时，应涂防锈油，带螺纹的零件，未连接前都应装上护丝。

⑥库存地点应干燥、通风良好，储存中每季度进行一次保养。

6. 技术参数

见表 1 - 13 所示。

表 1 - 13

型号	长度/mm	连接螺纹	打捞尺寸/mm	许用提拉负荷/kN
CLT16 - TA	650	φ50 钻杆螺纹	15 ~ 18	420
CLT22 - TA	650	φ50 钻杆螺纹	21 ~ 23	420
CLT25 - TA	650	φ50 钻杆螺纹	24 ~ 26	420

1.3.7 弯鱼头打捞筒

1. 概述

弯鱼头打捞筒是从管柱外部进行打捞的一种不可退式工具。主要用于在套管内打捞由于单吊环或其他原因造成弯扁形鱼头的落井管柱。其特点是在不用修整鱼顶的情况下，可直接进行打捞。

2. 结构

弯鱼捞筒由上接头、筒体、卡瓦、隔套、引鞋等组成。结构如图 1 - 20 所示。

上接头用于连接工具与钻柱，筒体下端为一内锥体，与卡瓦外锥体相配合，从而实现打捞落鱼。

卡瓦座上对称开有两个扇形卡瓦槽，卡瓦坐入其中，卡瓦内孔呈扁圆形，卡瓦为两片，可在卡瓦槽内上下活动，卡瓦内弧上有向上的齿，下端倒角较大以利于落鱼进入和咬住。

隔套是属于调节环，主要调节引鞋内扁圆与卡瓦座内扁圆的一致性。

引鞋下部内孔为椭圆形，最大尺寸大于鱼头尺寸。其椭圆形上小下大成锥形，以便鱼头进入。

3.工作原理

当落鱼进入工具后,边缓慢旋转,边下放钻具,落鱼通过引鞋进入扁圆孔。继续下放钻具,当悬重下降时说明鱼头达到抓捞位置。轻提钻具,卡瓦外锥面与筒体内锥面贴紧,使卡瓦咬住落鱼。此时上提钻具,卡瓦在筒体内锥面作用下产生径向卡紧力,将落鱼咬紧,即可起钻捞出落鱼。

4.使用与操作

①根据落鱼规格及鱼头变形量选用工具规格。

②检查工具,保证引鞋、卡瓦座、筒体扁圆孔对正,无影响鱼头引入的台阶。

③下至离落鱼顶1~2 m处开始边缓慢旋转边放下钻具,当悬重下降时说明落鱼已进入筒体。

④缓慢上提,当悬重大于打捞管柱重量时说明已经捞获,则可起钻。

5.维护与修理

①捞筒从井内取出后,在钻台上应用清水冲洗干净。

②送维修站完全拆卸检查,若零件损坏不能使用,应更换新零件。

③连结螺纹和台肩面有轻微损伤者,允许用细挫、油石或砂布修复使用。

④两端紧固螺钉应更换新的。

⑤打捞作业中捞筒承受重负荷后,或是强震击大扭矩后,各主要零件必须进行探伤检查。

⑥打捞筒不使用或库存时,金属件应涂防锈油。

6.技术参数

见表1-14所示。

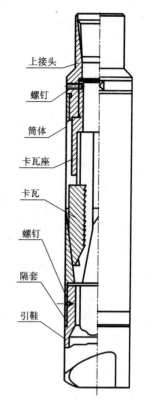

上接头
螺钉
筒体
卡瓦座
卡瓦
螺钉
隔套
引鞋

图1-20 弯鱼头打捞筒

表1-14

型号	许用提拉载荷/kN	管柱公称外径/mm	鱼顶长轴最大尺寸/mm	连接螺纹API	外形尺寸(D×L)/(mm×mm)
WLY73	420	73	100	2 7/8TBG	118×632
WLY89	450	89	116	NC31	140×745
WLY127	580	127	163	NC38	185×865

1.3.8　卡瓦捞筒

1.概述

卡瓦捞筒是从落鱼外壁进行打捞的不可退式工具，它既可用于打捞各种油管、钻杆、加重杆、长铅锤等，又可对遇卡管柱进行倒扣作业。

2.结构与工作原理

卡瓦捞筒由上接头、弹簧、卡瓦、筒体、引鞋组成，如图 1 - 21 所示。

卡瓦捞筒在打捞或倒扣作业中，当落鱼被引入捞筒后，继续施加轴向压力，落鱼顶住卡瓦脱开卡瓦与筒体的锥面在筒体内上行、压缩弹簧，落鱼胀卡瓦继续上行至顶到上接头端面为止；上提钻柱，被压弹簧顶住卡瓦、卡瓦抱紧落鱼在筒体内相对向下运动，锥面贴上后，继续向下运动，锋利的卡瓦牙咬入落鱼；上提钻柱实现打捞。若需要倒扣时，扭矩通过筒体上的 4 个键块传递给卡瓦，边上提边左旋，使落鱼退扣。

3.使用与操作

①选取相应规格的卡瓦捞筒，并选择适合落鱼直径的卡瓦。

②上紧各螺纹后方可下井。

③距鱼顶 1 ~ 2 mm 时开泵循环冲洗鱼顶 3 ~ 5 min，记录悬重。

④正扣捞筒下放时慢慢左旋(反扣捞筒右旋)引入落鱼，待悬重回降后停止旋转下放。

⑤按规定负荷上提，实现打捞。

⑥若需要倒扣时，上提一定的悬重实施左旋(反扣捞筒右旋)，当左旋力矩减小时，说明倒扣完成。

4.规格系列及参数

见表 1 - 15 所示。

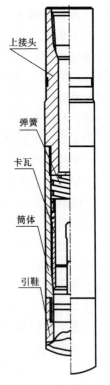

图 1 - 21　卡瓦捞筒

表 1 - 15

型号	工具外径/mm	连接螺纹	打捞外径/mm	许用倒扣拉力/kN	许用倒扣扭矩/kN·m
KLT114	114	φ50 钻杆螺纹	48 ~ 73	150	7
KLT114F	114	φ50 钻杆螺纹	48 ~ 73	150	7
KLT146	146	φ50 钻杆螺纹	95	170	10

图中标注：上接头、弹簧、卡瓦、筒体、引鞋

5.维护与保养

①工具起出后,用清水冲洗干净。

②检查所有零件、卡瓦,如有裂纹、牙齿损坏需更换。

③连接螺纹涂钻具螺纹脂,重新组装后,接头螺纹涂防蚀脂,并戴好护丝,置干燥处存放。

1.3.9 一把抓打捞筒

1.用途

一把抓打捞筒是一种结构简单、加工容易的常用打捞工具。专门用于打捞井底不规则的小件落物,如钢球、凡尔座、螺栓、螺母、刮蜡片、钳牙、扳手、胶皮等。

2.结构

一把抓打捞筒由上接头和带抓齿的筒体组成,既采用螺纹连接又进行焊接,以增加连接强度,如图1-22所示。

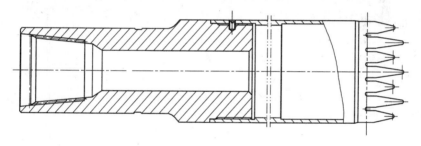

图1-22 一把抓打捞筒

3.工作原理

一把抓打捞筒下入井底后,将井底落鱼罩入抓齿之内或抓齿缝隙之间,依靠钻柱重量所产生的压力,将各抓齿压弯变形,再使钻柱旋转,将已经压弯变形的抓齿,按其旋转方向形成螺旋状齿形,落鱼被抱紧或卡死而捞获。

4.技术规范

见表1-16所示。

表1-16

序号	规格型号	外径/mm	长度/mm	连接螺纹	齿数/个
1	YBZ73	73	1000	φ50 钻杆螺纹	6
2	YBZ91	91	1000	φ50 钻杆螺纹	8
3	YBZ114	114	1000	φ50 钻杆螺纹	10
4	YBZ146	146	1000	φ50 钻杆螺纹	10

5. 操作方法

工具下至井底以上 1~2 m，开泵洗井，将落鱼上部沉砂冲净后停泵。下放钻柱，当指重表略有显示时，核对井底处，上提钻柱并转动角度下放，如此找出指重最大处。在此处下放钻柱，加钻压 2~3 kN，再转动钻具 3~4 圈，（井深时，可增加 1~2 圈），待悬重恢复后，再加压，转动钻柱 5~7 圈。以上操作完毕之后，将钻柱提离井底，转动钻柱使其离开旋转后的位置，再加压 2~3 kN，将变形抓齿顿死，即可提钻。

6. 注意事项

①一把抓打捞筒齿形应根据落物种类选择或设计，若选用不当会造成打捞失败。材料应选低碳钢，以保证抓齿的弯曲性能。

②提钻应尽量轻提轻放，不允许敲打钻柱，以免造成卡取不牢，落鱼重新落入井中。

7. 维修与保养

工具用完之后，应将工具内外冲洗干净，将弯曲齿割掉，以备下次使用时再制作。

1.4 打捞篮

1.4.1 反循环打捞篮

1. 概述

LL 型反循环打捞篮主要是捞取井底较小落物的打捞工具，如钻头牙轮、牙片、碎铁及手工具等。它在打捞作业时，可在井底形成局部反循环，此时井下落物将被冲到打捞篮内。

2. 结构

LL 型反循环打捞篮结构如图 1-23 所示，外部结构由上接头、筒体部件、铣鞋组成，内部由阀杯、钢球、阀座及打捞爪盘部件组成。

3. 工作原理

当打捞篮下井后，尚未投入钢球时泥浆循环通过阀座由内筒内腔经铣鞋往外返，此刻为正循环；投下钢球后，当钢球落入阀座上，此后重新恢复循环时，泥浆被迫改道进入内外两筒的环状空间，由喷射孔以高速流出喷射井底（将井底落物冲入打捞篮内），经铣鞋冲入内筒内腔后，由回流

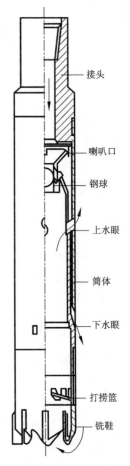

接头

喇叭口

钢球

上水眼

筒体

下水眼

打捞篮

铣鞋

图 1-23 反循环打捞篮

孔又返到外筒与井壁的空间返回,于是实现了反循环目的,见图 1 - 23 箭头所示。

4. 使用与操作

(1)下井前首先检查打捞篮是否装好,所用部件是否处于良好工作状态。选用型号应与表 1 - 17 中井径配合相一致。

(2)打捞钻具组合

反循环打捞篮 + 钻杆。

(3)打捞步骤

①下钻使打捞篮距井底 1 ~ 3 m,泵入大排量循环泥浆 5 ~ 10 min,把由于下钻过程中可能集于筒体内的泥砂冲洗出。

②卸掉方钻杆投入钢球(注意:下钻前所有钻具的内径应能保证钢球通过),泵入循环泥浆,边循环边等钢球进入阀座,当钢球进入阀座后泵压会突然上升。

③下放钻具使打捞篮距井底 0.1 ~ 0.2 m,边循环边上下活动及转动钻具,循环 15 ~ 20 min,预计全部落物均被冲入筒内后,再开始取芯,以此保存捞住的落物和被顶入的落物。

④取心参数:取芯钻压 500 ~ 800 kg,转速 40 ~ 55 r/min,排量 9 ~ 22 L/s,取芯长度 0.3 ~ 0.5 m。

⑤边钻边放进行套铣岩芯工作,取芯完后,提起钻具使打捞篮内的打捞爪插入岩芯,因而就把落物和岩芯牢牢地装在打捞篮的筒体内。

5. 维护与修理

①每使用一次起钻后应先用清水冲刷,然后拆卸保养,以免泥浆锈蚀工具。

②卸掉上接头,用专用扳手卸下阀杯。

③取出钢球和阀座,检查阀座是否被泥浆冲刷留下严重伤痕,有则应更换。

④卸去铣鞋,取出落物和打捞爪盘总成部件并检查捞爪、弹簧等,若有损坏,必须更换或修理,对已磨损的铣鞋,可用铜焊碳化钨修复(其粒度为 3 ~ 5 mm 的碳化钨)。

⑤用清水冲洗内外筒间夹层空间和内筒内腔壁。

⑥把钢球置于吊环接头的空室内。

⑦更换损坏零件,全部组装好,用手检查打捞爪盘部件在筒内是否自由转动,打捞爪向里转动和复位要灵活可靠。

⑧装配时涂防锈油和钻具丝扣油,以备下次使用。

6. 技术参数

见表 1 - 17 所示。

表 1 −17　贵州高峰反循环打捞篮

型号	外径/mm	铣鞋外径/mm	钢球直径/mm	适应口径	接头螺纹
LL75	73	75	30	N	φ50 钻杆螺纹
LL95	91	96	30	H	φ50 钻杆螺纹
LL120	114	122	30	P	φ50 钻杆螺纹
LL140	140	145	30	S	φ50 钻杆螺纹

1.4.2　全流程打捞篮

1.概述

QLL 型全流程打捞篮主要是捞取井底较小落物的打捞工具,如钻头牙轮、牙齿,手工工具及碎铁等等。它类似于传统的打捞篮,但是它采用了双级卡瓦结构,增加了打捞落物的数量和可靠性,可以充分净化井底。它在打捞作业时,可在井底造成局部反循环,此时井下落物将被冲到打捞篮内。尤其是采用金刚石钻头钻井,在钻前务必用该类工具清理井底,以保证钻头能正常使用,所以它是石油、地质勘探钻井过程中常备的工具之一。

2.结构

QLL 型全流程打捞篮的结构如图 1 −24 所示。

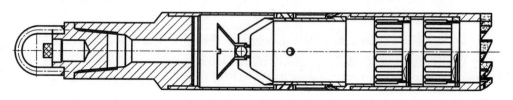

图 1 −24　全流程打捞篮

外部由上接头、外筒、铣鞋组成,内部由阀杯、钢球、阀座、双级打捞抓盘总成等部件组成。

外筒与内筒之间有可循环的空间,外筒上水眼向上呈45°,与两筒中间不通,但与内筒腔相通,而内筒下水眼则向下呈15°,与两筒中间相通。下部铣鞋的齿上焊有碳化钨颗粒,其耐磨性很高,而且易于修复。阀杯用于引导钢球能正确地落入阀杯内,以便形成反循环。打捞爪一方面是捞取落物的机构,另一方面也是获取岩心的机构。打捞抓盘总成与外筒有一定的间隙,在操作中可以转动,以免打掉打捞爪牙。

3. 操作使用

（1）打捞钻具组合

①全流程打捞篮 + 钻铤 + 上部钻具。

②全流程打捞篮 + 打捞杯 + 上部钻具。

（2）QLL 型全流程打捞篮选用规格

应与参数表中井径配合一致。

（3）反循环原理

在井下尚未投球时，泥浆循环通过阀座由筒内经铣鞋外返，此刻为正循环。投下钢球之后，当钢球落入阀座上，泥浆被迫改道进入两筒的双层中间，由水眼以高速流出，经铣鞋冲入内筒的内腔，然后由上水眼又返到外筒与井壁的空间，于是实现反向循环的目的。

（4）打捞步骤

①下钻后，泵入大排量循环泥浆 10 min，把筒内泥砂洗净。

②卸出井口钻杆，投入钢球，（注意：下钻前所有钻具、接头等都应保证钢球顺利通过）泵入循环泥浆，送入钢球到阀座，此时应注意泵压的变化，当钢球落入阀座后，泵压会升高 $5 \sim 20$ kPa/cm^2。

③下放钻具到井底时，边转动边循环泥浆，把落物冲到捞篮内，到井底后，再上提出 $0.1 \sim 0.2$ m 上下活动 $10 \sim 20$ min，预计全部落物均被冲入中心或筒内之后，再开始取心，以保存捞住的落物和被顶入的落物。

取心钻压：$1 \sim 4$ t

转速：$40 \sim 50$ r/min

取心长度：$0.3 \sim 0.5$ m

取心完后，钻割心再起钻，起钻时禁用转盘卸扣。

4. 维护与修理

①卸掉上接头，用专用扳手卸下阀杯及阀座，检查阀座是否被泥浆冲刷有严重伤痕，有则更换阀座。

②卸掉铣鞋取出打捞爪盘总成部件，并检查捞爪、弹簧等。若有损坏，必须更换或修理。对已磨损的铣鞋，可用补焊碳化钨修复（其颗粒为 $3 - 5$ mm）。

③用清水冲洗内、外筒间的夹层空间和内筒内壁腔。

④把钢球置于吊环接头的空室内。

⑤组装之后，检查打捞爪盘总成部件在筒内是否可以自由转动，以及打捞爪向里转动和复位的灵活性。

⑥涂防锈油和产品护丝油，以备下次使用。

5. 规格系列与参数

见表 1-18 所示。

表1-18　贵州高峰全流程打捞篮参数

型号	筒体外径/mm	井眼直径/mm	钢球直径/mm	落物最大直径/mm	接头扣型 API
QLL36	96	108 ~ 114	30	64	NC26
QLL60	152	168 ~ 178	40	118	NC38
QLL82	210	235 ~ 257	50	156	NC50

1.4.3　抓型打捞篮

1. 结构及工作原理

ZL 型抓型打捞篮结构见图1-25所示。

第一次投球，钻井液反循环，目的是把落物冲入内筒。

第二次投球，目的在于剪断销子，钻井液推动活塞下移，捞爪抓住落鱼。

2. 使用操作

使用抓型打捞篮时建议采用下列钻具组合：

ZL 抓型打捞篮 + 铤铤 + 钻具

下井前应保证钻具水眼能通过钢球。下钻完应大排量循环钻井液一周后投入小钢球，转动钻具，上下活动钻具 5 ~ 10 min。预计落物被冲进内筒或井底中心后投入第二个大钢球，钻压会忽然上升又忽然下降，预计落物已被抓住，起钻。

3. 维护与修理

抓型打捞篮使用后要用清水冲洗净泥污，更换销子，并把捞爪复原后装上。更换密封件，油封放于干燥阴凉处。

4. 技术参数

见表1-19所示。

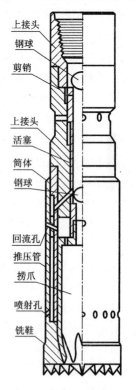

图1-25　抓型打捞篮

（图中标注）
上接头
钢球
剪销
上接头
活塞
筒体
钢球
回流孔
推压管
捞爪
喷射孔
铣鞋

表1-19　贵州高峰抓型打捞篮技术参数

型号	外径/mm	最大落物外径/mm	大钢球直径/mm	小钢球直径/mm	适应井眼/mm
ZL40	102	64	40	30	104.8 ~ 114.3
ZL44	114	78	45	35	117.5 ~ 127
ZL51	130	92	50	40	142.9 ~ 152.4
ZL56	146	109	50	40	155.6 ~ 165.1

1.5　打捞器

1.5.1　多功能打捞器

1.概述

DLQ 型多功能打捞器是集打捞杯、强磁打捞器和"一把抓"三种功能为一体的新型组合工具。它具有结构简单，操作方便，安全可靠等优点，能多功能高效净化井底，是目前清洁井底的最佳工具。

2.结构和工作原理

（1）结构

见图 1 – 26 所示。

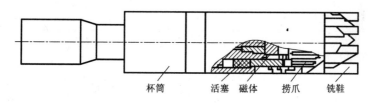

杯筒　　活塞　磁体　捞爪　铣鞋

图 1 – 26　多功能打捞器

（2）工作原理

其工作原理是根据打捞杯、强磁打捞器和"一把抓"的工作状况，巧妙地将三者结合起来，使它一次下井能完成三种功能。

3.使用与操作

（1）下井前的准备

①下井前首先检查各部件是否处于良好工作状态。

②钻具组合：打捞器 + 钻铤 + 钻杆。

（2）打捞步骤

①大排量冲洗井底，将井底的粒状物送入杯内。

②投入钢球。

③用铣鞋拨动经泥浆冲洗挤靠在井壁的牙轮、钳牙等大块落物至井眼中央，由磁体吸住。

④开泵、推动活塞下行，抓住被磁体吸住的落物。

4.维护与修理

①每使用一次起钻后用清水冲刷，然后拆卸保养。

②卸掉杯筒，除去金属颗粒及泥砂等。

③卸去铣鞋,取出落物和打捞爪盘总成部件。

④倒出钢球。

⑤检查各零部件,进行更换和修复。

⑥重新装配待用。

5. 技术参数

见表 1 – 20 所示。

表 1 – 20　多功能打捞器技术参数

型号	本体外径/mm	铣鞋外径/mm	总长度/mm	磁体吸力/kg	适用井径/mm
DLQ135	135	137	1 058	600	142.9 ~ 152.4
DLQ190	190	193	1 251	800	209.5 ~ 241.3
DLQ200	200	203	1 255	1000	212.7 ~ 241.3
DLQ215	215	218	1 255	1200	232 ~ 244.5
DLQ228	228	231	1 255	1400	244.5 ~ 269.9

1.5.2　打捞杯

1. 概述

随着钻井的日益科学化,人们越来越认识到在钻井过程中有一个清洁的井底是至关重要的。井底不干净,会造成重复切削,影响钻头尤其是金刚石钻头的使用寿命,降低钻井速度,其经济损失是特别严重的。

LB 型打捞杯,是用来捞取钻井过程中正常的泥浆循环无法带出井眼的较重钻屑或金属碎屑的一种实用有效的随钻工具。

LB 型打捞杯采用高质量钢材,经过特殊热处理后制成。

2. 结构

见图 1 – 27,由芯轴、扶正块、杯体等组成。

3. 工作原理

打捞杯在工作时,井底钻屑由钻井液流入钻柱外环空间带出,到达杯口时,由于环空突然变大,钻井液流速度下降,较重的碎屑就落入捞杯内,从而达到清洁井底的目的。

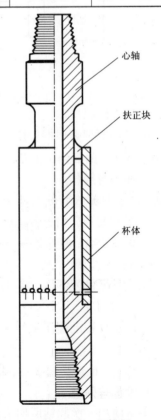

心轴

扶正块

杯体

图 1 – 27　打捞杯

4. 使用

LB 型打捞杯无特别操作之处，作为一般钻具对待即可。通常打捞杯安装在钻头上方。打捞杯还可安装在平头铣鞋、刮管器之上，与之配用。与平头铣鞋配用时更能显示出其优点。

5. 维护与保养

使用后的打捞杯应冲洗干净，仔细检查，必要时可进行探伤检查，一经发现有裂纹或其他损伤检查，不可再用。经检查合格的打捞杯，两端配戴护丝，作防锈处理，妥为保存，备下次使用。

6. 技术参数

见表 1 – 21 所示。

定购时应注意：

①根据适用井眼尺寸选定所需规格。

②可以根据钻具情况，确定选用上公下母扣型，还是双母扣型。

表1 – 21　打捞杯技术参数

型号	适用井径 /mm	杯筒外径 /mm	上端外径 /mm	上端螺纹 API	下端螺纹 API	总长 /mm
LB94 S	108 – 117.5	94	80	2 3/8 REG（外）	2 3/8REG（内）	737
LB102S	117.5 – 124	102	92	2 7/8 REG（外）	2 7/8REG（内）	749
LB114S	130 – 149	114	105	3 1/2REG（内）	3 1/2REG（内）	775

1.5.3　小口径打捞杯

小口径打捞杯相当于大口径地质钻探用取粉管，连接于岩心管之上，用来捞取钻井过程中正常的泥浆循环无法带出孔内的较重钻屑或金属碎屑，工作时，井底钻屑由钻井液流从钻柱外环空间带出，到达杯口时，由于环空突然变大，钻井液流速度下降，较重的碎屑落入捞杯内，从而达到清洁井底的目的。打捞杯也可与磨孔钻头连接，捞取磨削过程中悬浮起来的金属碎屑。小口径打捞杯结构和规格见图 1 – 28、表 1 – 22。

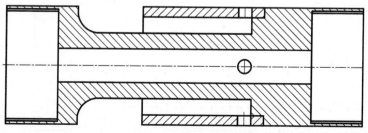

图 1 – 28　小口径打捞杯

表 1 – 22

规格型号	适用口径 mm	连接螺纹	生产商
DB73	N	岩心管螺纹	勘探技术研究所
DB89	H	岩心管螺纹	勘探技术研究所
DB114	P	岩心管螺纹	勘探技术研究所
DB146	U	岩心管螺纹	勘探技术研究所

1.5.4　强磁打捞器

　　强磁打捞器主要用于地质钻探工作中打捞孔内小件落物的工具。它具有结构简单、操作方便、性能可靠、体积小、质量轻等优点，利用本身所带永久磁铁将落入孔内的工具等小落物磁化吸起，从而有效地打捞小件落物，净化井底。结构与规格如图 1 – 29、表 1 – 23 所示。

接头　　打捞筒　缓冲垫　压盖　磁铁　胶皮　护盖

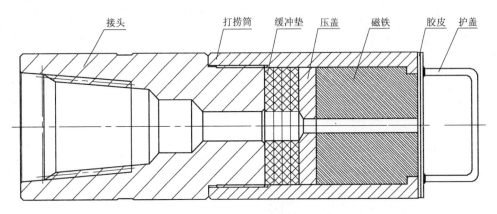

图 1 – 29　强磁打捞器

表 1 – 23　强磁打捞器规格及性能参数

型号	外径/mm	连接螺纹	最大吸力/N	适用口径/mm	生产商
CL55	55	ϕ54 钻杆螺纹	300	60	勘探技术研究所
CL70	70	ϕ50 钻杆螺纹	500	76	勘探技术研究所
CL86	86	ϕ50 钻杆螺纹	700	96 ~ 110	勘探技术研究所
CL100	100	ϕ50 钻杆螺纹	1000	110 ~ 135	勘探技术研究所
CL125	125	ϕ50 钻杆螺纹	1500	135 ~ 165	勘探技术研究所
CL140	140	ϕ50 钻杆螺纹	1700	150 ~ 175	勘探技术研究所

1.5.5　大口径强磁打捞器

1. 概述

大口径强磁打捞器主要用于石油、煤层气、水文水井钻探中，作为打捞井下落物的工具。

2. 结构

CL 型强磁打捞器如图 1 – 30 所示，主要由上接头、下接头、永久磁铁、钢圈、铜圈和平底引鞋等组成。

3. 使用操作

（1）使用方法

①对掉入井内的钻夹、巴掌、牙轮、轴承、卡瓦体、卡瓦牙、大钳牙等铁磁性小件以及不能磁化的小尺寸落物（如硬质合金块）等都可选用强磁打捞器。

②强磁打捞器用钻柱送入井底进行打捞作业，如情况允许也可用钢丝绳送入。

③如果遇井下落物尺寸较大、数量多、分布较广的工况，宜使用平底引鞋打捞器；如果井径不规矩或井底呈锥形造成磁芯无法接触落物的情况，宜使用标准引鞋。但在一般情况下不宜采用标准引鞋。

（2）操作方法

①根据井径及落物的特点选用带有合适引鞋的强磁打捞器。

②根据强磁打捞器的长度算出方钻杆下入井内尺寸。

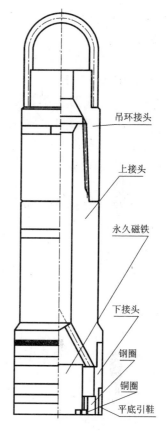

吊环接头

上接头

永久磁铁

下接头

钢圈

铜圈

平底引鞋

图 1 – 30　大口径强磁打捞器

③把强磁打捞器放在预先放好木板的转盘上（防止强磁打捞器与转盘吸附住），并接于钻柱底部，然后提起，取掉转盘上的木板，准备下井。

④将强磁打捞器下至井底离落物 3 ~ 5 m 处，开泵循环。待井底沉砂冲洗干净后，将强磁打捞器慢慢下放至井底，然后上提 0.3 ~ 0.5 m，把强磁打捞器转一方位，再边循环边下放钻柱，这样反复几次，检查方钻杆入井深度，证实强磁打捞器底部确已接触落物时即可起钻。

⑤起钻开始时必须在钻柱提起 0.5 ~ 1 m 后，方可停泵，起钻中禁止采用转盘卸扣。

⑥操作过程要求平稳、低速、严禁剧烈震动与撞击,以保护磁芯和被吸附的落物。

⑦当采用标准引鞋时,操作方法与上述方法大体相同,只是在下放钻具的同时应低速转动,但当强磁打捞器底部与落物接触时严禁转动钻柱,以防磁芯被损坏。

4.维修与保养

强磁打捞器每次使用后,应选择一块没有铁屑和杂物的地方,将强磁打捞器放在木板或橡胶板上,先把吸附在强磁打捞器表面的金属颗粒、铁屑粉末清除干净,然后从引鞋部位向筒内注入清水彻底清洗。在井下使用多次,或在恶劣条件下工作后,应进行维护修理,全部拆开、检查、重新装配。

(1)拆卸

①拆卸前,应彻底清除内外表面的泥砂和尘土。

②将强磁打捞器置于拆装工作台上,虎钳夹持下接头,依次卸下引鞋、钢圈、取出磁铁,检查零件及螺纹部位是否有损坏、毛刺和磨损,有损坏应更换,有毛刺和较轻的磨损可修复使用。

(2)装配

①检查所有零件,若发现有损伤,尤其是螺纹部位要及时维修,主要零件应进行探伤检查,有裂纹必须更换。

②洗净各零件。

③装配按拆卸相反顺序进行。

注意:由于强磁打捞器底部磁场很强,在维修过程中应注意安全。

(3)保养

①维修后强磁打捞器应倒立(磁场底部向上),放在阴凉、干燥的地方。

②在存放和运输过程中,千万不能把两个强磁打捞器底部相对,以防磁场迅速削弱。

③在存放过程中,注意钢球不得遗失。

5.规格及性能参数

见表1-24所示。

表1-24 CL型强磁打捞器规格及性能参数

型号	外径 /mm	连接螺纹	单位吸重 /(kg·cm^{-2})	适用井温 /℃	适用井径 /mm
CL6	86	φ54 钻杆螺纹	7.7	210	95 ~ 110
CL100	100	φ54 钻杆螺纹	9.5	210	110 ~ 135
CL125	125	φ54 钻杆螺纹	9.8	210	135 ~ 165
CL140	140	NC38	7.8	210	150 ~ 175
CL146	146	NC38	8.5	210	160 ~ 185

1.5.6 反循环强磁打捞器

1.结构规格及性能参数

FCL型反循环强磁打捞器,主要由接头、阀杯、通流管、磁套、磁铁等组成。结构如图1－31,规格及性能参数见表1－25所示。

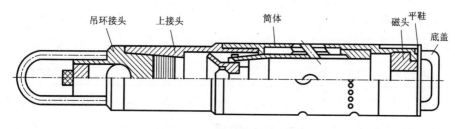

图1－31 反循环强磁打捞器

2.使用操作

根据井眼尺寸和井下落物情况选择合适的反循环强磁打捞器。

反循环强磁打捞器用钻柱送入井底进行打捞作业,如情况允许也可用钢丝绳送入。操作方法如下:

①取出工具本体内的钢球,清除吸附在反循环强磁打捞器表面的杂物。

②把反循环强磁打捞器放在预先放好木板的钻盘上(防止打捞器与钻盘吸附),并接于钻柱底部,然后提起,取掉木板,准备下井。

③将打捞器下至离井下落物2～5 m处,开泵循环。待井下沉沙冲洗干净后,上提钻柱,卸下方钻杆,投入钢球,然后接上方钻杆,下放钻柱,使打捞器距井底0.5 m,开泵反循环冲洗10 min(此时尽量增加泥浆排量)后,将打捞器慢慢下放至井底,然后上提0.3～0.5 m,把打捞器转一方位后,再边循环边下放钻柱,反复几次,检查方钻杆入井深度,证实打捞器底部确已接触落物时即可起钻。

④起钻开始时必须在钻柱提起0.5～1 m后,方可停钻。起钻中严禁钻盘卸扣。

⑤操作过程要求平稳、低速、严禁剧烈震动与撞击。

3.维修与保养

反循环强磁打捞器每次使用后,应选择一块没有铁屑和杂物的地方,将打捞器放在木板或橡胶板上,先把吸附在打捞器上的金属颗粒、铁屑粉末清除干净,然后从引鞋部位向筒内注入清水彻底清洗。维修后打捞器应倒立(磁场部位向上),放在阴凉、干燥的地方。

在存放和运输中,千万不能把两个打捞器底部相对,以防磁场迅速消退。

注意:由于打捞器底部磁场很强,在维修过程中应注意安全。

4.规格及性能参数

见表 1 - 25 所示。

表1-25　强磁反循环打捞器规格及性能参数

型号	外径 /mm	适用井径 /mm	单位吸力 /(kg·cm^{-2})	适用井温 /℃	接头螺纹
FCL86	86	95 ~ 110	7.7	210	φ50 钻杆螺纹
FCL100	100	110 ~ 135	9.5	210	φ50 钻杆螺纹
FCL125	125	135 ~ 165	9.8	210	φ50 钻杆螺纹
FCL140	140	150 ~ 175	7.8	210	φ50 钻杆螺纹

1.5.7　绳索取心内管总成三球打捞器

三球式内管总成打捞器(简称三球打捞器)主要用在钻杆与弹卡档头连接螺纹折断后将内管总成打捞上来的情况。孔壁掉块可能将矛头覆盖,或掉块卡在内外管环隙内,这是绳索取心钻进的常见事故。这时,可用钻杆连接带有扫鞋的打捞筒,将覆盖在矛头上的掉块消灭并将内管总成打捞上来,然后用公锥打捞外管。如果因掉块、岩粉沉淀使内外管总成环状间隙堵的很死,可以将双管总成全部打捞上来。

如果是烧钻事故,可强力打捞,或从矛头台阶处断裂,提出打捞工具。结构如图 1 - 32 所示。

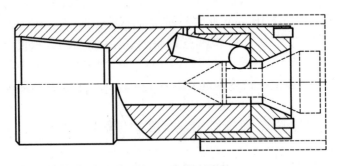

图 1 - 32　三球打捞器

1.5.8　测斜仪打捞器

1.用途

主要用于裸眼测斜时测斜仪卡在孔壁,钢丝绳或电缆被拉断时使用。套入测斜仪后用自由钳回转钻杆，使钢丝绳或电缆缠绕在打捞器的倒钩上并提升上来。

2. 使用

将测斜打捞器"一把抓"下入孔底后，将孔底落物罩入抓齿之内或齿缝隙之间，依靠钻柱重量所产生的压力，将各抓齿压弯变形，再使钻柱旋转，将已经压弯变形的抓齿，按其旋转方向形成螺旋状齿形，落物被抱紧或卡死而捞取上来。结构如图 1 – 33 所示。

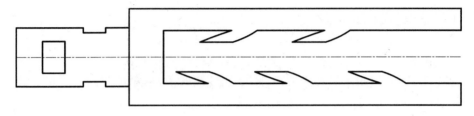

图 1 – 33　测斜仪打捞器

1.5.9　丝爪打捞器

1. 用途

主要捞取掉入孔内的各种公母锥，由于落物硬度高无法用磨削、吃扣或套取的办法打捞，可用丝爪打捞器进行打捞。

2. 使用

丝爪打捞器下钻前在地面按钻孔口径调节好，缓慢下入孔内，在下放过程中尽量不让钻具回转，以防丝爪收拢或张开，当碰到孔内落物时可适当加压，然后用自由钳回转钻杆，丝爪开始收拢并将落物打捞上来。结构如图 1 – 34 所示。

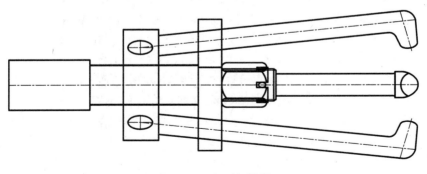

图 1 – 34　丝爪打捞器

第2章　孔内事故切割工具

2.1　机械式内割刀

1. 用途

内割刀是专门用来从管内切割井下固定(或遇卡)管材的工具。除接头和接箍部分外，可在管内任意位置切割。见图2-1、表2-1所示。

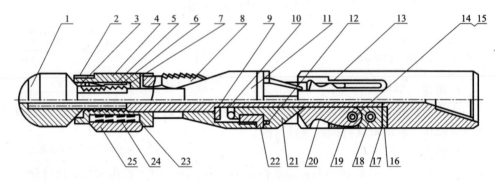

图2-1　机械式内割刀

1—底部螺钉；2—螺钉；3—带牙内套；4—扶正块壳体；5—弹簧片；6—滑牙套；
7—滑牙板；8—卡瓦；9—热圈；10—大弹簧；11—卡瓦锥体；12—限位环；
13—芯轴；14—丝堵；15—圆柱销；16—刀片座；17—螺钉；18—内六角螺钉；
19—弹簧片；20—刀片；21—刀枕；22—卡瓦锥体座；23—螺钉；24—小弹簧；25—扶正块

2. 工作原理

该工具按SY/T5070-91标准执行，主要是由芯轴、刀片、刀枕、卡瓦总成、主弹簧、摩擦总成和底部螺帽等部件组成。

工作过程主要分为坐卡、进刀、解卡几个步骤。当工具下到切割位置后，慢慢正转钻具，由于摩擦块与管内壁的磨擦作用，使芯轴和摩擦总成有相对转动，滑牙板带动摩擦总成向上运动，推开卡瓦从而使工具坐卡于管柱内壁上。此时下放钻具，刀枕锥面推开刀片开始切割管材。当切割完成后，上提芯轴，由于滑牙板(由三块组成)是侧齿，其背后由弹簧片支承定位，在上提力的作用下，滑牙板推开弹簧片又重新进入与带牙内套啮合的最低位置，同时磨擦总成带动卡瓦，相对卡瓦锥体下行,此时工具解卡,并可以自由地上提或下放工具。

主弹簧的主要作用是储存进刀能量,既可以使过大的进刀力得以缓冲,又可以使断续的进给力借助于弹簧释放能量的特点变成连续进刀,从而改善了切削条件,增加了刀片的使用寿命。

3. 操作

选择合适的内割刀之后,在地面先检查一下摩擦总成并应旋转灵活,滑牙套与带牙内套完全脱开后,提拉应重新啮合。

钻具组合好后不得正转慢慢下放,钻具下到预定位置后正转,扭矩增加说明刀片已经张开。切割工作开始后边下放边右旋,每次下放量1.5 mm,绝对不准超过3.0 mm,一般从切割开始算起,总下放钻具量为32 mm,落鱼即被割断。这时我们会发现扭矩突然减少,再增加转数,扭矩仍不增加就证明落鱼已被割断。正常切割的转数为40 ~ 50 r/min,最高不超过60 r/min。

在下放钻具过程中,若发现中间坐卡,只要重新上提一下钻具就可以解卡,然后再继续下放,直到切割位置。

切割完成后,只要上提就可以顺利地起出全部钻具。在切割时一定要避开接箍或接头。

4. 维护与保养

为使内割刀保持良好的性能并延长寿命,在每次使用后及存放前应彻底清洗、检查,并涂上润滑油。

拆卸方法:

用合适的老虎钳夹紧内割刀芯轴的上端,从芯轴上拧下底部螺帽,右旋扶正块体三整圈,于是扶正块体带着卡瓦移动,从芯轴上退下扶正块和卡瓦,卸出扶正块螺钉,取下扶正块和扶正块弹簧,卸开卡瓦锥体和卡瓦锥底座,并从芯轴上取下卡瓦锥体、卡瓦锥体座、限位圈、刀枕、弹簧座垫圈,然后再从芯轴上退弹簧,卸下刀片的螺钉、弹簧,取下刀片及刀座。检查全部零件有无磨损及损坏,损坏的零件要及时进行更换,清洗后要涂上润滑油,然后进行装配(注意滑牙板的装配顺序)。

5. 规格及性能参数

见表2-1所示。

表 2-1　北方双佳钻机机械式内割刀参数

规格型号	钻(套)管外径/mm	割刀外径/mm	切割壁厚/mm	连接螺纹
ND-73	71 ~ 73	57	5.5	φ50 钻杆螺纹
ND-89	91 ~ 89	67	6.5	φ50 钻杆螺纹
ND-102	100	85	5.7、6.7	φ50 钻杆螺纹

续表 2 - 1

规格型号	钻(套)管外径/mm	割刀外径/mm	切割壁厚/mm	连接螺纹
ND - 114	114	89	7.4 ~ 10.9	φ50 钻杆螺纹
ND - 140	140	120	7、7.7 ~ 9.2	φ50 钻杆螺纹
ND - 168	168	149	7.3、8.9	φ50 钻杆螺纹

2.2 ND - S 型水力式内割刀

1. 结构和工作原理

如图 2 - 2，当割刀下入井内达到预定切割位置时，开泵循环，逐渐加大排量，钻进液通过上、下滑阀上的喷嘴，使下滑阀上下产生压力差，此压力差使下滑阀克服弹簧阻力向下运动，推动刀头向外旋转进入切削状态，此时旋转割刀就可进行切割。割断落鱼后，停泵，下滑阀上下的压力差消失。下滑阀在被压缩的弹簧作用下向上运动复位。刀头在弹簧压片的作用下向内旋转复位。割刀就能从井中取出。

2. 使用方法

①将内割刀接于钻柱上，下到预定井深，但应避开套管、油管接箍、钻杆接头等处。

②空转割刀，开泵循环，记下空转扭矩。

③以 40 ~ 50 r/min 的转速正转割刀，逐渐加大排量，使下滑阀上下产生 1.3 MPa 的压力差，用水力自动进刀切割，直至割断落鱼。当扭矩值复原（即无反扭矩出现），表明切割完成。

④切割应缓慢正转，操作要平稳。

⑤深井或弯曲井眼内打捞时，可在割刀之上装上一个稳定器。

3. 维护

①内割刀在使用完后，对全部零件应进行彻底清洗检查，有损伤或裂纹的零件，应更换。

②毛刺及擦伤部位，可用挫刀修复。

③刀片如发现有崩刃打刀严重现象应予更换。

④重新装配后涂油保护。

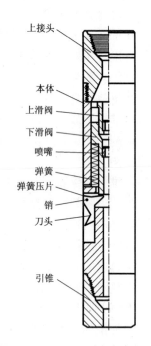

上接头

本体
上滑阀
下滑阀
喷嘴
弹簧
弹簧压片
销
刀头

引锥

图 2 - 2　ND - S 型水力内割刀

4. 规格及性能参数

见表 2 - 2 所示。

表 2 - 2 贵州高峰水力式内割刀技术参数

型号	内割刀外径/mm	总长/mm	接头螺纹 API	切割管内径/mm
ND - S140	95	974	2 7/8 REG	139.7

2.3 AND - S 型水力式内割刀

1. 用途

AND - S 型水力式内割刀是一种内切割工具,将水力式内割刀从套管内下入,按作业者要求的切割深度将自由套管割断。通常技术套管从管外水泥面以上 100 m 左右处及表面套管从泥面以下 1~4 m 处将套管割断,然后下入 LM 型可退式打捞矛或 AZ 型可退式套管打捞矛将割断的套管串捞出回收。

2. 结构及工作原理

泥浆泵将高压钻井液泵入水力式内割刀体内,高压液体通过活塞内的喷嘴产生压力降,推动活塞压缩弹簧使活塞杆下行,从而活塞杆下端推动三个割刀片向外张开与套管内壁接触,张开的三个割刀片随同切割钻具顺时针旋转,三个割刀片周向同时切割套管,直到将套管割断。结构与规格参数见图 2 - 3 和表 2 - 3。

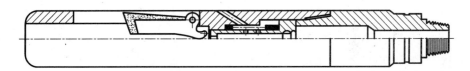

图 2 - 3 AND - S 型水力式内割刀

表 2 - 3 贵州高峰水力式内割刀技术参数

规格型号	外径/mm	水眼/mm	接头螺纹 API	割管外径 最小/in	割管外径 最大/in
AND - S140	111	38	2 7/8 REG	5 1/2	9 5/8
AND - S178	146	38	3 1/8 REG	7	16
AND - S245	211	71	6 5/8 REG	9 5/8	30
AND - S273	238	71	6 5/8 REG	10 3/4	36
AND - S340	296	89	6 5/8 REG	13 3/8	60
AND S340T	305	89	6 5/8 REG	13 3/8	60
AND - S406	368	89	6 5/8 REG	13 3/8	60

注:1in = 25.4 mm。

2.4　活塞式水力内割刀

1.用途

水力内割刀主要用于烧钻、卡钻后孔内钻杆无法提出时,连接小一级的钻杆,下入事故钻杆内孔,用水压推出刀头将其割断并提出孔内,也可用于终孔后分段起拔套管。其结构如图2-4所示。

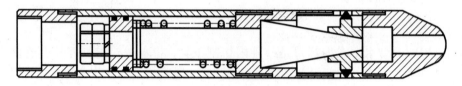

图2-4　活塞式水力内割刀

2.活塞式水力内割刀参数

见表2-4所示。

表2-4

序号	规格	割管内径/mm	割管壁厚/mm	接头螺纹	生产商
1	SGD71	58~63	8	φ50 钻杆螺纹	勘探技术研究所
2	SGD89	77~80	8	φ50 钻杆螺纹	勘探技术研究所
3	SGD114	98~102	8	φ50 钻杆螺纹	勘探技术研究所
4	SGD140	128	8	φ50 钻杆螺纹	勘探技术研究所

2.5　机械式外割刀

1.结构

机械式外割刀主要由切割刀、导锚定及止推轴承等三大部分组成。其结构与型号参数见图2-5,表2-5。

2.工作原理

当机械式外割刀用套铣管下入井内,到达预定切割位置时,上提割刀,割刀筒内卡紧套上的卡簧向上顶住钻杆(落鱼)接头台阶。当继续上提割刀时,卡紧套相对下移推动上下止推环和弹簧。弹簧被向下压缩又向下推进刀环。因为进刀环已用两个黄铜剪销固定在筒体上,开始推不动,于是弹簧受到强力压缩,当弹簧被全部压缩时，剪销被剪断。弹簧的压缩势能向下推动进刀环。由于进刀环下端是喇叭锥面。它把向中心弯曲的五个刀头包围起来，当进刀环往下推移时，进刀环的锥面就迫使五个刀头向割刀中心转动，处于切削状态，此时割刀旋转进行切削直至切断落鱼。切断后卡紧套顶住已割断部分一起取出。

3. 使用方法

（1）切割前的准备

切割前首先要用套铣套住被卡钻杆，使之离开井壁，套铣管下端要接一只外径略大于外割刀外径、内径略小于外割刀内径的套铣鞋，这样保证外割刀下入井眼时割刀与井壁有一定的间隙，使割刀顺利下井套入落鱼。套铣长度要比切割长度长一个单根，以便切割时切点处落鱼容易被找中。套铣完后取出套铣钻具，卸掉铣鞋，接上要用的外割刀。

（2）下割刀

①按照要割落鱼的规格，选择相应的外割刀和卡紧套装配好。然后把外割刀接在需用套铣筒的大端，用大钳紧扣，由于每个刀头内侧都有一个压力弹簧，它使五个刀头在不受外推力时永远保持在筒体的容刀槽内，保证下井时刀头不碰落鱼的接头，因此不会损坏刀头。

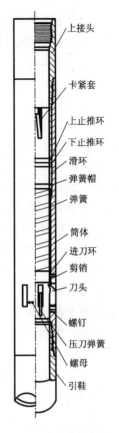

图2-5 机械式外割刀

②当割刀下放将要到达鱼顶，开泵循环，调整泥浆，冲洗钻杆上的泥饼，然后边循环边慢慢下放，直到预定的切割位置。

③继续循环空转割刀，直到井眼冲洗好，割刀转动灵活后，测出空转扭矩值，然后停止循环和转动。

（3）切割

①慢慢上提割刀，直到卡紧套上的卡簧顶住上面接头的台肩。

②继续慢慢上提，直至剪销被剪断，此时指重表有明显跳动。

③匀速慢慢回转，直到割断落鱼，此时指重表显著跳动，转动扭矩减小。

④经判断确定落鱼被割断后，上提取出割刀和被切割断的落鱼。

（4）割断的判断方法

①切断时指重表明显跳动，悬重增加，扭矩减小。

②上提钻柱30~50 mm，指重表悬重增加，其增加量为被割断部分落鱼的重量。

③上提后旋转钻柱，转动灵活。当割断短落鱼时，转速明显增加。当割断长

图2-5标注：上接头、卡紧套、上止推环、下止推环、滑环、弹簧帽、弹簧、筒体、进刀环、剪销、刀头、螺钉、压刀弹簧、螺母、引鞋

落鱼时，指重表的读数明显上升。

④再继续上提钻柱，悬重不再增加，证明已经割断。

（5）注意事项

①割刀到达鱼顶时，要开泵循环冲洗井眼，直到切割时停泵。

②当割刀套入鱼顶后不要上提，以防剪断剪销。

③切割位置以下要留一根单根，以便切割时找中。

④割刀到达预定切割位置时，井眼要冲洗好，割刀要转动灵活，并记录下转动扭矩值。

⑤切割时不应开泵循环，以避免泵的脉冲作用影响切割。

⑥上提割刀剪断剪销，开始切割时，只须小扭矩。如转动不自如，可能是上提过猛，卡簧顶力过大，这时应将割刀略微下放。

⑦有时卡簧旋离落鱼接头台肩（没顶住），这时应下放割刀使卡簧复位，重新顶住落鱼接头台肩。

⑧当套铣管取到井口时，卸下一定数量的套铣管，使落鱼鱼顶露出来，然后把套铣管卡在转盘上，用双吊卡取出全部落鱼。

⑨拆装时要避免直接夹紧筒体，以免筒体变形，不能正常剪断剪销。

4. 维护

①当外割刀从井内取出后，应用清水把外割刀内外冲洗干净。

②用一个冲头把筒体上和进刀环上被剪去一半的剪销冲出，注意不要损伤销孔。

③检查卡紧套的卡簧、刀头是否损坏或变形，否则应予更换。

④所有零件冲洗干净，打磨毛刺。如有轻微的损伤或刺伤处，应予修理，检查修理完毕后所有零件涂防锈油。

表 2-5　贵州高峰 WDJ 型机械式外割刀参数

型号	外径 /mm	内径 /mm	最小井径 /mm	最大落鱼外径 /mm	切割管径 /mm	剪销剪断力 /kN
WD-J58	58	41	62	39.4	33.4	9
WD-J98	98	79	105	78	60	9
WD-J114	114	82	120.6	79	60	9
WD-J119	119	98	125	95	73	11
WD-J143	143	111	146.2	108	52、89	11
WD-J149	149	117	155.6	114	60	11

2.6 水力式外割刀

1.结构
结构如图 2-6 所示。

2.工作原理

当水力式外割刀用套铣管下入井内到达预定切割位置时,开泵并逐渐加大排量,在分瓣活塞上下造成一定的压力差,使两剪销剪断;或者上提钻具到分瓣活塞顶住落鱼的台肩,继续上提,由于分瓣活塞向下推动进刀环,进刀环相对壳体下行,使两剪销剪断,进刀环下行推动刀头向里转动抵住落鱼。此时开泵循环,旋转钻柱,由于分瓣活塞上下有一个压力差,此压力差即连续推动进刀环使刀头连续进刀切割,直到割断落鱼。

当割断落鱼后,上提钻具,由于分瓣活塞靠胶皮箍的作用始终抱住落鱼本体,因此,在起钻中,分瓣活塞会顶住落鱼的台肩将落鱼与割刀一起取出。

3.使用方法

(1)切割前的准备工作

切割前,首先套铣被卡落鱼,使之离开井壁。套铣管下端的铣鞋外径要略大于割刀的外径,以保证割刀下入井眼内与井眼有一定的间隙,使割刀顺利诱入落鱼。套铣长度要比切割长度长一个单根,以

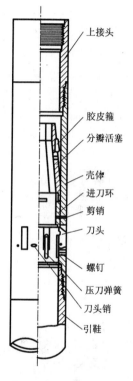

上接头

胶皮箍
分瓣活塞

壳体
进刀环
剪销
刀头

螺钉

压刀弹簧
刀头销
引鞋

图 2-6 水力外割刀

便切割时切点处落鱼容易找中。套铣完后起出套铣钻具,卸下铣鞋,接上要用的外割刀。

(2)下割刀

按照要切割的落鱼规格,选择相应的外割刀和分瓣活塞,装配好,然后把外割刀接在套铣管的下端。

(3)切割

①当割刀下放到预定切割位置时,开泵循环,调整泥浆,冲洗钻杆上的泥饼。继续慢慢下放,同时循环,直到预定切割位置。

②继续循环,空转割刀,记下空转扭矩,此时加大泵的排量,提高泵压直至割断剪销(或上提钻具到 13 kN 剪断剪销),然后再调整割刀到切点位置。

③用小排量循环,以 40~50 r/min 的转速正转割刀,以水力自动进刀切割,

直到割断落鱼。

④判断落鱼已被割断，即可起出割刀和落鱼。

（4）割断的判断方法

①切断时指重表明显跳动，悬重增加，扭矩减小。

②将钻杆慢慢上提 30 ~ 50 mm，指重表悬重增加，其增加量为被割断部分落鱼的重量。

③上提后旋转钻柱，转动自如。当割断短落鱼时，则转速增加；割断长落鱼时，则悬重增加。

④继续上提，悬重不再增加，证明已经割断。

（5）注意事项

①下钻时：

a）割刀到达鱼顶时，开泵循环，冲洗钻具上的泥饼或岩屑，但必须保证剪销不被剪断。

b）割刀套进鱼顶时，上提钻具应尽量地少应用双吊卡下钻，防止提起过高导致剪断剪销。

②切割时：

a）割刀到达预定切割位置时（开泵前），应先转动钻柱，记录下其扭矩值。

b）进刀时的循环排量应尽量平稳均匀，且不可过大。

c）只能用小扭矩切割，如转动不自如，可停泵适当转动，以较小的排量控制其切割进刀量。

③起钻时：

a）开始应慢提，最好不要用转盘卸扣。

b）借助双吊卡把落鱼从套铣管中起出。

c）卸割刀时，应把吊钳咬在上紧时的位置上，卸松到手紧的程度。

4. 维护

①起出后应立即将割刀内外清洗干净。

②全部拆开检查，更换损坏零件。

③各零件均涂防锈油重新组装。

④更换新剪销。

⑤外表涂保护漆，放在通风干燥库房内。

5. 技术参数

见表 2 - 6 所示。

表 2 - 6　贵州高峰 WD - S 型水力式外割刀技术参数

型号	外径 /mm	内径 /mm	最小井径 /mm	切割管径 /mm	剪销剪断力 /kN
WD - S95	95	73	111.13	33.34 ~ 52.39	9
WD - S103	103	81	120.65	33.34 ~ 60.33	9
WD - S113	113	92	130.18	49.21 ~ 73.03	9
WD - S119	119	98	136.53	49.21 ~ 73.03	11
WD - S143	143	109.5	158.75	52.39 ~ 101.60	11
WD - S154	154	124	168.28	60.33 ~ 101.60	14
WD - S204	204	165	215	88.90 ~ 127	14
WD - S210	210	171	219	88.90 ~ 127	14

第3章 孔内事故磨铣工具

3.1 套铣工具

3.1.1 套铣管

1.概述

套铣管在套铣工艺中，是用于井下打捞作业、用来套铣被卡钻具以解除井下卡钻事故的一种专用工具。以往我国各油田使用的套铣管都是采用套管加工而成的，一般套管设计本身就不是用来作套铣作业用的，也没有考虑承受较大的扭矩，而且连接螺纹是细扣，不宜反复拆卸。新型的专用套铣管采用双级短梯形螺纹连接，不仅强度高，而且容易对扣，密封可靠，因此得到广泛应用。套铣管结构见图3-1，其铣鞋如图3-2所示。

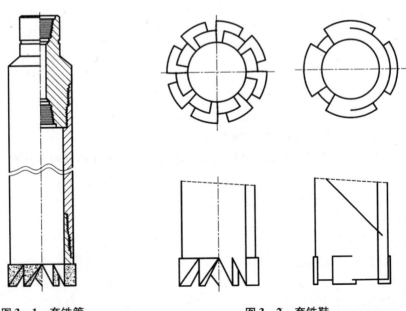

图3-1 套铣管　　　　　　　图3-2 套铣鞋

2. 操作

①做好套铣前的准备工作。

②套铣管入井前，必须保证有关的机动设备及电器完好，参数仪器准确灵敏。

③用与钻进的同尺寸钻头通井，井眼畅通无阻时，方可进行套铣作业。

④套铣作业时钻井液性能必须达到设计要求，有条件可加入一定量的防卡剂，以利于施工安全。

⑤当井下漏失比较严重时，必须堵住漏层，方能进行套铣作业。

⑥套铣管管体及螺纹均须严格探伤，若发现螺纹碰扁、密封台肩损坏、管体咬伤深度在 2 mm 以上、长度 50 mm 以上、套铣管单根长度的直线度 5 mm 以上、管体不圆度在 2 mm 以上等问题一律不得下井。

⑦套铣管卸车时要用吊车，不能滚卸；上下钻台用游车及大门绷绳，并拧好护丝。

3. 套铣时的钻具结构

（1）钻具结构

根据井身结构，井身质量和井下情况，推荐两种套铣钻具结构：

第一种：铣鞋 + 套铣管 + 大小头 + 套铣管安全接头（或配合接头） + 闭式下击器 + 上击器（或若干加重钻杆）。

第二种：铣鞋 + 套铣管 + 大小头 + 套铣管安全接头（或配合接头） + 钻杆 + 方钻杆。

（2）套铣参数

套铣参数的选择，应以最小的鳌跳，最快的进尺，井下最安全作为选择的标准。其推荐套铣参数为：钻压 2 ~ 7 t，排量 20 ~ 40 L/s，转速 40 ~ 60 r/min。

4. 套铣作业注意事项

①套铣管连接时，螺纹一定要清洁，并涂上套管螺纹密封脂。

②在钻台上卸套铣管时，应随时上好护丝。

③用大钳上卸套铣管时，钳头规格一定要合适，钳牙不能咬在螺纹部位，以免损坏套铣管。

④根据地层的软硬及被磨铣物体的材料、形状、选用切削型或磨铣型铣鞋，套铤鞋见图 3 - 2 所示。

⑤严禁用套铣管划通井眼。

⑥分段循环钻井液，不能一次下到鱼顶位置，以免开泵困难，憋漏地层和卡套铣管。

⑦当不能进行套铣作业时，要将套铣管起出或起至技术套管内。若设备故障不能起钻时，要加强活动钻具，防止卡套铣管。

⑧连续套铣作业（井下正常时），每套铣 300～400 m，须用钻头通井划眼一次。若井下情况复杂，可减少套铣的次数，提前通井划眼。

⑨连续套铣作业时，每次套铣深度须超过预松扣位置 1～2 m，便于松扣后下次套铣时容易引入。

⑩套铣作业时，在钻井液出口槽内放置磁铁，以便观察砂样情况。

⑪铣鞋套鱼时，不能采取硬套，以免破坏鱼顶或套铣管，使事故处理复杂化。

⑫套铣作业时，每套铣 3～5 m 要上提套铣管活动一次，但不要提出鱼顶。

⑬当连续进行套铣松扣作业时，套铣管每使用 20～30 h，要起出详细检查，并上下倒换，以免下部套铣管疲劳损坏。

⑭每次套铣结束，应立即起钻，套铣管在井下不工作时，不能长时间循环钻井液，铣鞋没有提离套铣位置时，不能停泵。

⑮套铣管用完后，应清除管内泥砂，全面进行检验，完好的管内外涂防锈漆，并做好每根套铣管的使用记录。

⑯套铣管每使用 30～50 h，要进行螺纹探伤，使用超过 100 h，一般按报废处理。

⑰不论是新的、旧的或修复的套铣管，两端螺纹应涂润滑脂，并戴上护丝。

⑱使用前应仔细检查螺纹，发现有损坏的螺纹，都应及时修复。

⑲每次使用前，应仔细地对套铣管进行探伤，发现有不合格的，绝不能使用。

⑳管内径应不定期的用通径规进行检查。

5. 技术参数

见表 3-1 所示。

表 3-1　TXG 型套铣管技术参数

型号	套铣管外径 /mm	套铣管内径 /mm	壁厚 /mm	最小使用井眼 /mm	最大套铣尺寸 /mm	最大抗拉载荷 /kN	接头屈服扭矩 /N·m	密封压力 /MPa
TXG114	114.30	97.18	8.56	120.65	80.90	390	9490	20
TXG127	127.00	108.62	9.19	146.05	101.60	440	12202	20
TXG139	139.70	121.36	9.17	152.4	117.48	500	14914	20
TXG146	146.05	130.21	7.92	161.93	127.00	500	14914	20

3.1.2　打捞套铣钻具

1. 用途

打捞套铣钻具用于对钻头在井底的长落鱼的卡钻事故进行套铣作业。在作业中,套铣完一只铣鞋或套铣完套铣管长度时,应将打捞套铣矛与落鱼对接好扣,用测卡爆炸松扣的方法松开套铣完的落鱼,对间断卡的情况还可松开已套开卡点下面的一些未卡落鱼,然后随套铣管一起同时起出。

如果套铣管被卡,可以倒开套铣管安全接头,起出打捞套铣矛和上部打捞钻具。

2.打捞套铣钻具组合

打捞套铣钻具组合如图3-3所示。

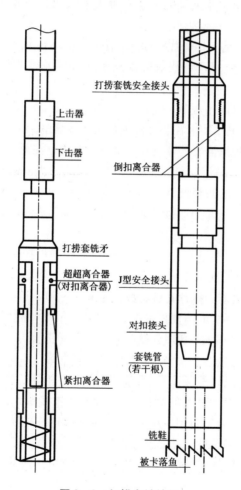

图3-3　打捞套铣钻具

外部:铣鞋(2种)+套铣管+套铣管安全接头+打捞套铣矛+下击器+上击器+钻铤+钻杆

内部：对扣接头(4 种) +J 型安全接头

3.操作

(1)套铣前的准备

套铣作业前必须对套铣管和工具进行无损探伤检查，合格后方可下井。并且必须保证打捞套铣矛的活动灵活性，转动偏水眼接头，观察其活塞转动情况，并且将活塞推压至上部，打捞杆插入锁紧套内，使打捞套铣矛处于闭合位置。在打捞套铣矛中间接头下面接上套铣管安全接头。检查 J 型安全接头，J 型安全接头有铜和钢两种销子，根据井下情况选其一种销子装入公、母接头的剪销孔中，注意销子两端不得外露。

套铣之前须测出卡点，用爆炸松扣的方法将上部未卡钻具起出，一般在卡点以上留一至二个未卡单根，便于寻找落鱼和套鱼，松扣后必须保证鱼顶丝扣完好。

(2)下钻

在套铣管上端装好起吊短节，扣上吊卡，用大钩提起这根套铣管，在下面接上铣鞋，紧好扣，下入井内，用卡瓦和安全卡瓦卡在转盘里，然后打开吊卡，卸走起吊短节。按同样的方法把所需要的套铣管全部下入井内。注意，一般套铣管总长度不超过 150 m。用提升短节提起打捞套铣矛，下面接上 J 型安全接头，对扣接头后紧扣，提起放入卡在转盘里的套铣管中。套铣管安全接头和套铣管紧扣后下入井内；按通常的方法在打捞套铣矛上面接好下击器、上击器、钻锤及全部打捞钻具。

(3)套铣

下钻到接近鱼顶(一般 3 m)时，开泵循环，将鱼顶母扣冲洗干净，适当循环(一般 15 min 左右)，慢慢正转并下放，当遇阻时，应轻转慢拨，使铣鞋套进落鱼，落鱼被套进铣鞋后，开始套铣。推荐套铣参数，转速 30 ~ 50 r/min，钻压 5 t 左右。

套铣中，每钻进 6 ~ 9 m 需要停泵和停止转动一次，观察转盘有无憋劲及套铣管磨阻情况。如果憋劲很大，必须起钻，卸掉一半套铣管再下井。井眼弯曲，用短套铣管易于和弯曲井身吻合。注意，严禁用套铣管划眼。

套铣作业中接单根与普通钻井时接单根的方法相同。套铣完套铣管长度时，随着套铣管转动，打捞套铣矛的超越离合器使对扣接头与落鱼对上扣，上好扣后，扭矩增大，超越离合器打滑，地面显示，随转动有较规律的跳钻现象，或转动时没有进尺。然后上提钻柱，根据悬重判断落鱼是否解卡，若解卡便可起钻。若没有解卡，可上提钻具超过悬重 2 ~ 2.5 t，这时紧扣牙嵌离合器啮合，正转紧扣准备爆炸松扣。

(4)松扣及起钻

紧扣牙嵌离合器紧扣后，上提钻具，剪断 J 型安全接头销钉，退开 J 型安全接头，较大距离上、下活动套铣管，其目的是防止卡钻。然后，下放爆炸松扣装置，当爆炸松扣装置下到 J 型安全接头顶部时，对上 J 型安全接头，继续下放爆炸松扣装置到预定深度，按爆炸松扣工艺要求进行爆炸松扣，爆炸松扣时一般在卡点以上留一到两个单根，便于下步套铣时找落鱼和套鱼。松扣后进行起钻。

对于间断卡的情况，为了能测出更多一些落鱼，在井浅或井身质量好不易卡套铣管的时候，套铣后可进行测卡和爆炸松扣；在套铣完紧扣后，退开 J 型安全接头，上下活动套铣管，然后下测卡仪至 J 型安全接头顶部，对上 J 型安全接头，继续下放测卡仪，按测卡工艺要求，测出下一个卡点，起出测卡仪，再下爆炸松扣装置爆炸松扣，松扣时也在卡点以上留一到两个单根，松扣后进行起钻。

起钻时要细心操作，先起出上部打捞钻具，然后起出打捞套铣矛和落鱼。当套铣管起出转盘时，用卡瓦或安全卡瓦把套铣管卡在转盘里，从套铣管安全接头和套铣管连接处卸开，在套铣管口装上开口卡盘，用卡瓦卡住或用吊卡坐住落鱼，卸走打捞套铣矛，然后按一般的方法在套铣管中抽起落鱼。如果要更换铣鞋，则用卡瓦或安全卡瓦卡住套铣管，上好起吊短节，扣上吊卡起出全部套铣管，换好铣鞋后，重新下钻套铣，依次套铣出全部落鱼。最后要起钻铤或下部带有钻头的落鱼时，待卸走打捞套铣矛后，用钻杆对接上落鱼，将落鱼送到下面的套铣管里，然后把套铣管和接落鱼的钻杆一同提升、卸扣。卸扣后再把钻杆与落鱼对接，这样逐根起出套铣管，然后再起出全部落鱼。

(5) 退 J 型安全接头

他在套铣后测卡或爆炸松扣作业中需大距离上下活动钻具，或其他需要起出的套铣管，打捞套铣矛及打捞钻具，这就要退开 J 型安全接头。

退 J 型安全接头方法如下：上提钻具，剪断 J 型安全接头销钉，下放复位，反转 1～3 圈/1000 m，上提即退开 J 型安全接头。

对 J 型安全接头很简单，即下放钻具到 J 型安全接头对扣位置，待公接头进入母接头遇阻后，正转 1～3 圈/1000 m)，便对好 J 型安全接头。

4. 拆装与维修

起完钻后，将打捞套铣工具冲洗干净，并逐件进行探伤和检查，若有损伤要进行修理或更换，然后进行保养和组装，并戴好护丝，准备下次使用。

(1) 打捞套铣矛的拆装与维修

①将打捞套铣矛内外清洗干净。

②依次卸下锁紧键，偏水眼接头，套铣管安全接头，中间接头，拉出活塞杆总成，卸开缸筒和上接头。

③检查所有零件，若有损伤则需进行修理或更换。将中间接头里面的弹簧取出，检查其弹性是否失效，若失效则需更换。更换所有橡胶密封件及不可修复件。

④组装前各连接螺纹涂丝扣油，其余内部零件涂防蚀脂。先将上接头和缸筒上好扣后，将活塞杆总成推入缸筒，把中间接头从活塞杆下端套入上推，与缸筒

上好扣，从活塞杆下端再套入上弹簧座。

注意，该弹簧座的斜面对准中间接头内孔中的斜面，平面端对准弹簧，然后套入弹簧，下弹簧座平面端面对准弹簧，子口端对准磨损铜套。将上述各件推入中间接头内孔中，上好磨损铜套。从活塞杆下端套入套铣管安全接头和中间接头，上好扣，再在活塞杆下端上好偏水眼接头，对准锁紧槽，上好锁紧键，用螺钉固定好。

⑤组装完后的打捞套铣矛，活塞总成在全行程上的轴向移动及转动应灵活自如。将打捞杆压入锁紧套，使打捞套铣矛闭合。

3.2 磨鞋

3.2.1 平底磨鞋

1.概述

平底磨鞋是用底面所堆焊的颗粒状硬质合金去研磨井下落物的工具。用于磨碎钻头、牙轮、卡瓦牙、冲管、钻具接头、深井泵配件、封隔器、配水器以及较长的钻杆钻具等落物。

2.结构

平底磨鞋由磨鞋本体堆焊硬质合金颗粒构成。磨鞋本体上部小圆柱体顶部接头螺纹与钻柱连接，底部大圆柱体和侧面有过水槽。底部过水槽内开有泥浆循环孔，过水槽间堆焊满硬质合金颗粒。其结构如图3-4所示。

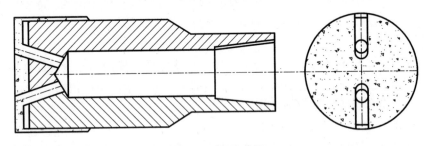

图3-4 平底磨鞋

3.工作原理

平底磨鞋底部硬质合金颗粒在钻压的作用下咬入落物，磨鞋与落物产生相对转动进行磨铣，磨碎的落物被循环液带上地面。

4.使用操作

①下井前检查接头螺纹完好情况，水眼是否畅通。

②将平底磨鞋拧紧在钻柱下端。

③下至距落物顶 2～3 m 开泵冲洗落物顶，待井口返出液体平稳后转动转盘，慢慢下放钻具接触落物。

④适当加压并以洗井液排量不低于 25 m/h 的速度进行磨铣。

⑤注意事项：

a)下钻速度不要太快。

b)磨铣时可稍提一下钻具、旋转下放，砸出新的切削刃，并使落物暂时处于固定状态，以利磨铣，且作业中不得停泵。

如果出现单点磨铣或长期无进尺，应分析原因并采取措施，防止磨坏套管平底磨鞋。磨铣钻具组合中应加一定长度钻铤，或在钻杆上加稳定器，使磨铣工作平稳。

5.维护与保养

每次用完后应清洗干净，冲净水眼里的一切杂物。接头螺纹应涂上防蚀脂，并配戴护丝，放置于干燥通风处。

6.技术参数

见表 3 - 2 所示。

表 3 - 2　平底磨鞋技术参数

规格	外径/mm	水眼/mm	连接螺纹	适用口径
PMX76	75	10	φ50 钻杆螺纹	N
PMX96	95	10	φ50 钻杆螺纹	H
PMX122	120	12	φ50 钻杆螺纹	P

3.2.2　带引鞋的平底磨鞋

1.用途

带引鞋的平底磨鞋由于有引鞋的存在，因而它可以将落物罩入引鞋之内，以保证落物始终置于磨鞋磨铣范围之内，用底部切削齿对落鱼进行磨削。这种铣鞋既可以靠引鞋引入环形空间，又可以对落物顶部磨削，常用它磨削各种摇晃的管类和杆类落物。

2.结构与特点

带引鞋的平底磨鞋是在平底磨鞋上增加了引鞋，引鞋与平底磨鞋焊接在一起，如图 3 - 5 所示。

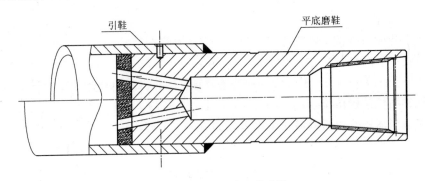

图 3 - 5　带引鞋的平底磨鞋

3. 技术参数

见表 3 - 3 所示。

表 3 - 3　带引鞋的平底磨鞋技术参数

规格	水眼尺寸	连接螺纹	适用套管尺寸*	落鱼尺寸*
M146	20	NC38	7″	2 - 7/8″、3 - 1/2″
M206	20	NC38	9 ~ 5/8″	2 - 7/8″、3 - 1/2″

* 表中尺寸为英制单位，属于已淘汰的计量单位，1 英寸(″) =25.4 mm。

4. 使用注意事项

引鞋尺寸受到限制，无过水槽，使用中应防止卡钻与憋泵，磨铣时钻压不能过大，建议使用低速低钻压。每磨 5 ~ 10 min，上提一次，循环钻井液一次。

3.2.3　凹底磨鞋

1. 用途

凹底磨鞋用于磨削孔底小件落物以及其他不稳定落物，如钢球、螺栓、螺母等。由于磨鞋底面是凹面，在磨削过程中罩住落物，迫使落物聚集于切削范围之内而被磨碎。

2. 结构

凹底磨鞋的底面为 10° ~ 30°凹面角，其上有 YD 合金或其他耐磨材料。如图 3 -6所示。

3. 工作原理

凹底磨鞋依靠其底面上的 YD 合金和耐磨材料，在钻压的作用下，吃入并磨碎落物，磨屑随循环洗井液带出地面。

YD 合金由硬质合金颗粒及焊接剂组成，在转动中对落物进行切削。

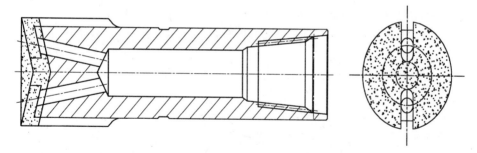

图3-6 凹底磨鞋

4.技术规范

见表3-4所示。

表3-4 凹底磨鞋技术参数

型号	外型尺寸/mm	连接螺纹	钻压/kN	转速/(r·min⁻¹)	排量/(m³·h⁻¹)
AM76	76×350	φ50 钻杆螺纹	25~45	80~125	>25
AM102	102×350	φ50 钻杆螺纹	25~45	80~125	>25

5.操作方法

（1）准备工作

①根据落物形状和井眼尺寸,选择相应的磨鞋类型和规格。

②检查磨鞋硬质合金块是否镶嵌完好,其外径应小于本体2~3 mm,水眼是否畅通,螺纹及台阶是否完好。

③绘出磨鞋草图。

④组合钻具(钻柱结构:磨鞋+钻铤+钻杆)

（2）常规操作方法

①下钻至落物1 m处,开泵循环10 min,然后下放钻柱到底,加压20~50 kN,低速磨铣。

②每磨20~30 min,停泵。上提钻柱,下放钻柱,并压住落物开泵继续磨铣。

③磨铣中若发现泵压升高,转盘扭矩减小,说明磨鞋牙齿已磨平,应起钻换磨鞋;若发现岩屑中的铁屑明显减少,转盘憋钻变轻,说明落物已磨完。

6.注意事项

①磨鞋外径应小于井眼直径20~50 mm。

②下磨鞋前,井眼要畅通。起、下磨鞋要控制速度,以防阻卡或产生过大的波动压力。

③磨铣中要控制憋钻,保持平稳操作。

④磨铣过程中,要每隔15 min取一次砂样,分析铁屑含量。

⑤磨铣过程中，上提遇卡时，应下放转动钻柱，不得硬拔。

⑥如果出现单点长期无进尺，应分析原因，采取措施，防止磨坏套管。

⑦对活动鱼群不宜使用磨鞋。

⑧磨铣钻具组合中应加一定长度钻铤，或在钻杆上加稳定器，使磨鞋工作平稳。

⑨磨铣钻柱中不得配接震击器。

⑩在磨削较长落物时（如钻杆、钻铤等），容易出现固定部位磨削，当YD合金和耐磨材料全部磨损后，落物进入工具本体，形成落物与本体之摩擦，使泵压上升无进尺和扭矩下降。此时应上提钻具再轻压，改换磨削位置。

⑪旁通式水眼容易被泥沙堵死，影响井下作业。除下井前检查外，在下井过程中应采用分段洗井，一般每400 m洗一次井。

7. 维修保养

①每次用完后要清洗干净，冲洗水眼里的一切杂物。

②对磨损了的底平面上的YD合金或耐磨材料允许补焊，但必须注意先预热，待焊接表面加热均匀后，再加补焊料，并防止过热。

3.2.4 领眼磨鞋

1. 用途

领眼磨鞋可用于磨削有内孔，且在井下处于不定而晃动的落物，如钻杆、钻铤、油管等。

2. 结构

领眼磨鞋由磨鞋体、领眼锥体两部分组成，如图3-7所示。

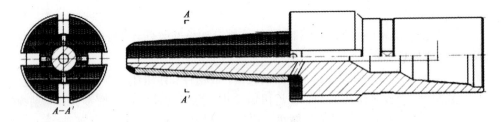

图3-7 领眼磨鞋

磨鞋体上部为钻杆内螺纹，下部是直径较大的圆柱体。领眼锥体和磨鞋体的下平面加焊YD合金或耐磨材料。领眼锥体起着导向固定鱼顶的作用。另外，在磨鞋体的下平面有4条过水槽，以保证循环畅通。

技术规范见表3-5。

表 3 - 5　领眼磨鞋技术参数

规格型号	外径/mm	领眼长度/mm	领眼器外径/mm	连接螺纹
LY75	73	150	57	φ50 钻杆螺纹
LY95	91	150	76	φ50 钻杆螺纹
LY120	114	200	102	φ50 钻杆螺纹

3. 工作原理

领眼磨鞋主要是靠进入落物内的锥体将落物定位，然后随着钻具旋转，焊有 YD 合金的磨鞋磨削落物。

4. 操作方法及注意事项

（1）操作工艺

同相应规格的平底磨鞋一样。

（2）注意事项

①使用前必须清理水眼。在下钻过程中每下入 200 ~ 300 m，洗井一次。一旦正洗不通可反憋压洗井。

②领眼磨鞋下入斜井中时，下钻速度应慢，防止破坏套管。

3.2.5　柱形磨鞋

1. 用途

柱形磨鞋用以修整略有弯曲或轻度变形的套管，修整下衬管时遇阻的井段和修整断口错位不大的断脱井段的套管。当上下套管断口错位不大于 40 mm 时，可将断口修直，便于下步作业。

2. 结构

柱形磨鞋实质是将梨形磨鞋的圆柱体部分加长的磨鞋，其柱体部分可以加长到 0.5 ~ 2.5 m，如图 3 - 8 所示。

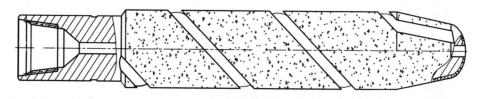

图 3 - 8　柱形磨鞋

3. 工作原理

当用梨形磨鞋磨削套管变形段之后，用其他工具管柱仍不能顺利通过时，可采用柱形磨鞋磨铣。其磨削作用是从套管径向方向磨削，可以增加套管的长度，故各级外径尺寸相同，长度则有变化，以达到逐步修直的目的。

4. 技术规范

技术规范见表 3-6 所示。

表 3-6　柱形磨鞋技术参数

规格型号	外型尺寸/mm	接头螺纹	钻压/kN	转速/(r·min⁻¹)	排量/(m³·h⁻¹)
LZPM76	φ76×780	2-3/8REG	10~18	50~80	>25
LZPM102	φ102×900	NC26	10~18	50~80	>25

转速/$(r \cdot min^{-1})$　排量/$(m^3 \cdot h^{-1})$

5. 操作方法及注意事项

①下钻速度应在 1~2 m/min 之内，切忌快速下钻以防突然遇阻造成卡钻事故。

②水槽必须畅通。

③洗井液必须清洁，防止堵死水眼。

④下至磨铣井段以上 2~3 m 开泵洗井，待洗井正常后方能加压进行磨削，洗井液上返速度不低于 32 m/min。

⑤钻压不得超过 10 kN，采用低压快转慢放的操作方法。

⑥发现扭矩增加时，应及时上提钻具再次慢放重磨。

⑦焊接接头及下部锥体时，必须预热到300℃以上。

⑧焊接合金磨铣焊料时，必须在同一圆周方向旋转焊接逐步推进，严禁单边单条焊接，否则将产生严重弯曲。

⑨加焊完毕之后应整体加温回火处理。

6. 维修保养

①每次用完后要清洗干净，冲洗水眼里的一切杂物。

②对磨损了的圆柱面上的 YD 合金或耐磨材料允许补焊，但必须注意先预热，待焊接表面加热均匀后，再加补焊料，并防止过热(按注意事项执行)。

3.2.6　锥形磨鞋

1. 用途

锥形磨鞋主要用于修复变形鱼顶或进行其他井下特殊作业。

2. 结构

锥形磨鞋由锥形本体和堆焊或镶焊硬质合金组成。本体锥度为30°，锥体呈翼状，锥翼表面焊硬质合金。如图 3-9 所示。

3. 技术规范

技术规范见表 3-7 所示。

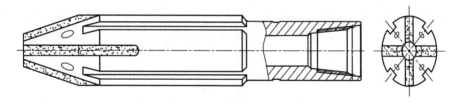

图 3 - 9　锥形磨鞋

表 3 - 7　柱形磨鞋技术参数

规格型号	外型尺寸/mm D × L	连接螺纹	钻压 /kN	转速 /(r · min^{-1})	排量 /(m^3 · h^{-1})
ZM76	76 × 380	φ50 钻杆螺纹	10 ~ 18	50 ~ 80	> 25
ZM102	102 × 620	φ50 钻杆螺纹	10 ~ 18	50 ~ 80	> 25
ZM146	146 × 700	NC38	10 ~ 18	50 ~ 80	· > 25
ZM206	206 × 780	NC38	10 ~ 18	50 ~ 80	> 25

4. 操作方法

①根据落物形状和井眼尺寸,选择相应的磨鞋类型和规格。

②检查磨鞋硬质合金块是否镶嵌完好,其外径应小于本体 2 ~ 3 mm,水眼是否畅通,螺纹及台阶是否完好。

5. 注意事项

①磨鞋外径应小于井眼直径 20 ~ 50 mm。

②起、下钻要控制速度,以防阻卡或产生过大的波动压力。

3.2.7　掏心钻头

掏心钻头主要用于烧钻后钻头与岩石烧结在一块而留在孔底时,用小于钻头内经的掏心钻头钻进 0.5 m,在钻进过程中可选择有点弯度的岩心管,对烧结在一起的钻具进行敲打使之松动,再用公锥进行打捞。该钻头可以自行加工。结构如图 3 - 10 所示,技术规范见表 3 - 8。

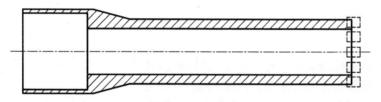

图 3 - 10　掏心钻头

表 3 - 8　掏心钻头技术参数

序号	规格型号	钻头外经/mm	连接螺纹
1	TX60	38	岩心管螺纹
2	TX76	45	岩心管螺纹
3	TX96	63	岩心管螺纹
4	TX120	97	岩心管螺纹

3.3　铣鞋

3.3.1　铣锥

1. 概述

铣锥可用来铣削回接筒的倒角,铣削套管较小的局部变形,修整在下钻过程中各种工具将接箍处套管造成的卷边及射孔时弓起的毛刺飞边,清整滞留在井壁上的矿物结晶及其他坚硬的杂物等,以便恢复通径尺寸。

2. 结构

XZ 型铣锥由 4 把高硬度的刀刃组成,见图 3 - 11 所示。铣锥上部是钻杆母扣同钻具相连接,下部是一段 60°锥体,中部是一段圆柱体,圆柱体上有 4 把刀刃,起扶正块及铣削的作用,以防止作业中严重磨铣套管内壁。沿轴向有 4 个过水槽,本体从上到下是旁通式水眼,保证洗井畅通。

3. 工作原理

XZ 型铣锥的 4 把高硬度刀刃铣削回接筒的倒角,削切突出的变形套管内壁和滞留在套管内壁上的结晶矿物质及其他杂质,圆柱部分起定位扶正块作用,水眼及过水槽内的上返洗井液将铣下的碎屑带出地面。

4. 使用与操作

(1) 操作

①下井前检查钻杆扣是否完好,水眼是否畅通。

②下井前将洗锥拧紧在工具最下端。

③下放至鱼顶以上 2 ~ 3 m 开泵,冲洗鱼顶,待井口返出液体平稳后起动转盘,慢慢下放钻具使其接触落鱼。

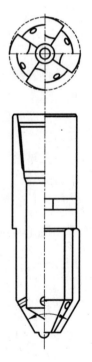

图 3 - 11　XZ 型铣锥

④洗井液排量不低于25 m³/h。

⑤钻压请参考磨铣工艺部分。

（2）注意事项

①下井检查铣锥最大尺寸应小于套管内径。

②下钻过程中慢慢放下，防止严重刮碰套管。

③洗井时其排量不得低于25 m³/h。

5. 技术参数

技术参数见表3-9。

表3-9 铣锥技术参数

型号	刀刃最大直径/mm	锥角/(°)	长度/mm	连接螺纹
XZ73	73	60	300	φ50 钻杆螺纹
XZ91	91	60	300	φ50 钻杆螺纹
XZ114	132	60	410	NC38
XZI39	139	60	410	NC38

3.3.2 领眼磨铣器

1. 结构

领眼磨铣器结构见图3-12，由接头体、刀翼和领眼器三部分组成。

2. 工作原理

领眼引导磨铣器，使领眼部分插入落鱼水眼，由刀翼进行磨铣。

磨铣过程类似于车床上的车刀工作一样，一个刀翼就像一把车刀，八个刀翼就像八把车刀，极大地加快了磨铣速度。每小时可磨铣0.5~1.5 m。

3. 使用

（1）推荐钻具组合

磨铣器+钻铤(1柱)+钻杆

（2）操作

下钻距鱼顶0.5 m开泵，待泥浆返出正常后，启动转盘，慢慢下放钻具，加钻压0.5 t磨铣10 min左右，再加大钻压至1.5 t，适当提高转速进行磨铣。

4. 维护

①清洗内外表面，进行无损探伤检查。

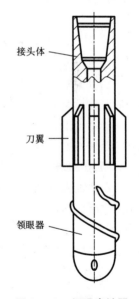

接头体

刀翼

领眼器

图3-12 领眼磨铣器

②检查刀翼的工作状况及刀翼长度。

3.3.3　三段式铣鞋

1. 用途

三段式铣鞋是继单、复式铣锥之后开发研制的新型套管侧钻开窗工具。此工具只需一次下井，前面引入，后面修窗，开窗，修窗速度快，而且平整、圆滑，不会形成死台阶。

2. 结构

三段式铣鞋是由三段不同角度的本体和镶嵌在其上面的 YD 合金及不同几何形状的硬质合金块组成。结构如图 3 - 13 所示。

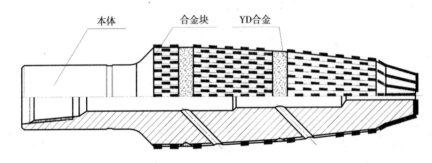

图 3 - 13　三段式铣鞋

3. 工作原理

三段式铣鞋主要有两个功能，下部起到最先钻进开窗的作用，随着不断的钻进，中下窗也将铣磨成型。随着管柱的推进，中部的合金将不断的铣磨窗口，使窗口平整、圆滑，逐渐下放管柱，上部的合金块将再一次的对窗口进行修磨、定径，这样就为顺利的起下钻具提供了一个平整、圆滑的通道。

4. 技术参数

技术参数见表 3 - 10。

表 3 - 10　三段式铣鞋技术参数

规格型号	最大外径 /mm	工具总长/mm	接头螺纹	适用套管*
SDXX118	118	580	NC31	5 - 1/2″套管
SDXX140	140	660	NC38	6 - 5/8″套管
SDXX152	152	660	NC38	7″套管
SDXX206	206	800	NC38	9 - 5/8″套管

* 表中数字为英制单位，与国家标准单位核算同前。

5. 操作方法

将工具下至造斜器顶部，检查深度是否准确。校准深度后慢慢转动，起始钻压应控制在零，空转缓慢向下对以后的钻进是有好处的。转速应控制在 20 ~ 30 r/min，当无跳钻现象，开窗稳定后转速可控制在 50 ~ 65 r/min 之间，钻压 10 ~ 12 kN 之间，当开窗完毕后，继续钻进一定的深度便可起钻。

6. 特点

①三段式铣鞋是一种组合式的高效铣磨工具，一支三段式铣鞋可开多个窗。

②只需一次下钻便可把窗铣磨成型，而且窗口平整、圆滑，不易形成死台阶。

③开窗速度快，效率高、易操作。

7. 维修保养

①每次使用完后要清洗干净，如有少量的刀块破碎也可继续下井使用。

②严禁在运输过程中和下井前猛烈冲击，以免撞坏。

第4章 孔内事故震击工具

4.1 牙嵌震击器

1. 概述与用途

牙嵌震击器是理想的处理钻探事故的工具。可将孔内的卡、埋、夹事故的挤夹物震松震碎,将钻具提拉上来。

2. 工作原理

该震击器是将机械回转力储存在钻杆本身上,使之产生扭应力,又由震击器的齿盘高度产生拉应力,再通过震击器四级齿盘差动形成动作转变为冲击震击功能对孔内钻具实现震击。震击力的大小可根据提升力的大小进行调节。

地质岩心钻探震击器只有 $\phi 73$ 规格,可用于P、H、N规格钻孔的钻杆、套管的起拔。结构见图4-1所示。

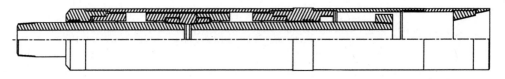

图4-1 牙嵌震击器

4.2 液压上击器

在钻井过程中,由于泥浆质量、地质构造复杂以及操作技术措施失误等多方面原因,常常发生钻具被卡的事故。卡钻对钻井工作影响很大,危害也很深。若处理不当,不仅耗时长,损失钻井进尺,而且可能使事故恶化,甚至使油气井报废。因此正确掌握各种打捞震击工具的使用方法是迅速、有效地解除卡钻事故的关键。

1. 结构

结构如图4-2所示,可把产品结构分解为三个部分:

(1)"活塞杆"部分(与上部钻具相连)

包括震击杆、震击垫、导向杆。

（2）"油缸"部分（与下部钻具相连）

包括上缸套、中缸套、下接头。

（3）"活塞"部分

包括活塞、活塞杯。

2. 原理

液压上击器的"活塞杆"与"油缸"之间的空隙内注满了液压油，当上提钻具时，液压油只能沿活塞环的开口间隙泄漏，对活塞的向上运动产生液阻，为上部钻具弹性变形提供了足够的时间。当活塞上行至释放腔时，液压油的约束被解除，上部钻具贮存的弹性势能获得释放，巨大的动载荷带动震击杆上的震击垫向上运动，并打击在上缸套的下端面，产生了向上震击。

3. 使用与操作

（1）下井前的准备

①检查液压油是否注满，并进行地面台架试验，确认其性能可靠。

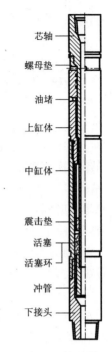

芯轴
螺母垫
油堵
上缸体
中缸体
震击垫
活塞
活塞环
冲管
下接头

图 4 - 2　液压震击器

②检查各连结螺纹，应严格按表 4 - 2 中规定的紧扣扭矩值上紧。

（2）安装时的要点

①当确定需上击解卡时，使用上击器应尽可能靠近卡点，并按说明书推荐的钻具组合安装。

②单独使用上击器时在其上方接 100 m 左右钻铤可获得理想的震击效果。

③与加速器一同使用时，在两者之间可接 3 ~ 5 根钻铤，其震击效果最好。

（3）操作方法

①当打捞工具捞住井下落鱼（或对上扣）后，轻提钻具，使打捞工具紧紧地抓住落鱼。

②下放钻柱使压在上击器芯轴上的力为 3 ~ 4 t，关闭上击器。

③提钻震击。以一定速度上提钻具，刹住刹把，等待震击，且提拉吨位应由低到高逐渐加大，反复震击直至解卡。

4. 注意事项

①井下震击力应从较低吨位开始，逐渐加大，但不允许超过表 4 - 2 规定的"最大提拉震击吨位"。

②震击力不仅与上提拉力有关，而且与井下钻具的重量，井身质量等因素有关。因此，上提拉力越大，即上提速度越快，井下钻具重量足够，井身质量越好，

所产生的震击力越大。

③上击器提出井眼完成钻台维修后，再将其关闭，并从吊卡上取下，决不能再在下方悬挂重物，以免误击而损坏钻台设备甚至砸伤人员。

5. 常见故障处理

(1)第一次震击未解卡

①重复进行第二次震击。

②在允许范围内逐渐增大提拉吨位。

(2)第二次不震击

将钻具多下放1~2 t使上击器完全回位后再上提震击。

(3)等待时间过长

主要是由井身质量所致，井壁摩擦使钻具运动受阻，这在定向井和斜井中尤其明显。此时适当增大提拉吨位可缩短等待时间。

(4)震击力不大

①使上击器完全关闭，保证足够延时时间使钻具贮能。

②上击器上部钻具重量不够，应加钻铤。

③与加速器配用。

④增大提拉吨位。

⑤若以上方法皆未奏效，应取出上击器送维修站拆卸检查。

6. 维修

(1)准备工作

配齐专门的拆装架、试验架和装配工作台。

(2)拆卸

①清洗工具内外表面泥砂。

②卸下油堵，用盛油桶接油，再装上抽堵。

③在拆装架上将外部螺纹松扣。

④在装配工作台上逐件拆下下接头、中缸套、导向杆、活塞、震击垫、上缸套。

⑤取下各密封件：包括O形圈、垫圈、开口垫圈。

⑥卸下油堵。

(3)装配

①各金属件用煤油清洗，并用不掉纤维布擦干。

②检查各零件是否有损伤、裂痕、毛刺，尤其是螺纹联结部位和密封部位。必要时可进行探伤检查，有裂纹或严重瑕疵者应更换。

③其余各大零件按拆卸相反顺序装配。

④在拆装架上紧扣，紧扣扭矩。技术参数参见表4-2所示。

7. 地面试验

(1)注油

向产品内注满 L – HM32 抗磨液压油。加完油,放平上击器使油堵孔朝上,拧上油堵(不要上得过紧,以免滑扣)。

(2)低拉力试验

①将注满油的上击器置于高峰牌试验架上。

②调节泵排量约 3 ~4 L/min(即一格),使试验架拉力达 30 ~50 kN。

③观察上击器运动,应平稳、无急跳,停滞现象。如未完全拉开,可关闭后重复试验。

④若上击器运动平稳,仍未完全拉开可调节泵排量 5 ~6 L/min(即二格)使拉力达 60 kN 左右,进行重复试验。如仍不成功,应拆开上击器进行检查。

⑤低拉试验的合格次数应不少于 3 次。

(3)标定释放力试验

①调节泵排量使试验架活塞杆速度达 400 ~650 mm/min。

②由上击器完全关闭开始到完全捡开,试验次数应不少于 3 次,其震击释放力符合表 4 – 1 规定的标定释放力要求为合格。若不合格,应将产品拆卸检查,排除故障后再重新试验。

表 4 – 1　YSJ 型液压上击器标定释放力

型号	标定释放力/kN
YSJ 36	60 ~100
YSJ 40	70 ~120
YSJ 108	90 ~140
YSJ 44	120 ~170
YSJ 46	150 ~250
YSJ 62	300 ~450
YSJ 70Ⅲ	450 ~550
YSJ 80	500 ~600
YSJ 90	600 ~700

8. 技术参数

技术参数见表 4 - 2。

表 4 - 2　贵州高峰 YSJ 型液压上击器技术参数

型号	外径 /mm	内径 /mm	行程 /mm	最大工作扭矩 /kN·m	最大震击提拉载荷 /kN	最大抗拉载荷 /kN	密封压力 /MPa	外筒螺纹紧扣扭矩 /kN·m	导向杆螺纹紧扣扭矩 /kN·m	闭合总长 /mm
GS73	73	20	216	3	100	250	20	1.96	0.98	1724
GS80	80	25	216	3	120	300	20	2.45	1.27	1724
GS89	89	28	216	3.5	150	400	20	2.94	1.27	1724
GS95	95	28	305	4	150	500	20	3.92	1.47	1724
YSJ36	95	38	305	4	160	500	20	3.92	1.47	2041
YSJ40	102	32	229	5	176	600	20	4.9	1.47	1804

4.3　JS 机械上击器

1. 概述与用途

JS 型机械上击器是一种在石油钻井工艺中处理卡钻事故的理想的解卡工具。它在打捞作业中紧靠落鱼安装，这使得该工具能直接对落鱼施行有力的向上冲击作业。冲击力的大小在井内可以调节。由于上击器的运动部位设置在一封闭的油腔内，从而使工具获得稳定可靠的工作性能。该上击器在高温、高压的深井中作业，即便是密封件已损坏，该工具仍能继续工作。

2. 结构

如图 4 - 3 所示，主要由上接头、芯轴、摩擦芯轴、冲管、浮子、冲击接头、中筒体、调节环、摩擦卡瓦、下接头等零件组成。

3. 工作原理

当上击器在井内被施以一个向上的拉力时，摩擦卡瓦抱住摩擦芯轴并阻止摩擦芯轴向上运动，钻杆同时被拉伸而贮存了弹性势能。当向上的拉力达到预调的吨位时，摩擦芯轴则立即从摩擦卡瓦内滑

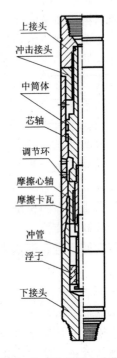

图 4 - 3　JS 机械上击器

脱出来,钻柱释放出弹性势能,芯轴的上肩将对冲击接头的下端面产生有力的向上打击。当关闭上击器时,摩擦芯轴推动摩擦卡瓦复位。重复上述过程,直至达到解卡的目的。

4.操作

(1)地面试验

地面试验合格的上击器方能下井使用。

(2)钻具组合

①震击解卡,将上击器连接在尽可能靠近卡点处,在上击器的上部通常要加3~15根钻铤。

②测试时,直接将工具连接在测试工具的上部。

③取心或扩眼时,在取心工具或扩眼工具上接一根钻铤再接上击器。

④侧钻时,上击器始终接在紧靠造斜器之上。

⑤洗井时,上击器直接接在洗管上面。

(3)震击

①上提钻具,直到出现初次震击(上击器初次拉开吨位约15 t)。

②下放钻具,直到悬重表明上击器已被关闭。重复上述操作至达到目的为止。

③增大震击力的操作步骤:

a)上提钻具直到产生震击为止。

使钻具向右转动三分之一圈(在坚硬岩层及深井或弯曲的井段使用时,钻具转动应超过三分之一圈)。

b)下放钻具,直到悬重表明上击器已被关闭为止。

c)活动钻具,释放钻具上的残余扭矩(注意:钻具上存在扭矩时不允许震击)。

d)重复上述步骤,使上击器拉开吨位逐次增加(震击力将成倍地增加),直至达到上击器额定的最大拉开吨位50 t。

④降低震击力的操作步骤

降低震击力的操作步骤同增大震击力的操作步骤类同,应使钻具向左旋转。

5.拆卸与装配

每次使用之后都应做一次彻底的维护保养,更换所有密封件,补充或彻底换油。

(1)折卸步骤

①拉开上击器,用一清洁容器,承接放出的润滑油。

②松开并拧出下接头,用弹性挡圈钳取出下接头内的弹性挡圈后,把下接头平稳地从浮子上滑移出来。

③把冲管从摩擦芯轴上松开并拧出,取下浮子和浮子上的O形圈。

④把摩擦芯轴和调节环从芯轴上旋出。取下摩擦卡瓦。

⑤从中筒上松开并旋出冲击接头,取下芯轴。

(2)装配步骤

①把清洗干净的零件装上新密封件。先将冲击接头套入芯轴上端,然后把上接头与芯轴装配连接。再把芯轴装入中筒体内。

②把冲击接头拧进中筒体,到肩部靠紧为止。

③使上击器处于关闭位置,把调节环套在摩擦芯轴上,联合使用定心导向接头、摩擦芯轴套筒扳手和六方扳手,把两零件拧进芯轴下端。

④用卡瓦定位量规检验调节环的轴向位置。当调节环还没有就位时,应转动芯轴使调节环到位。

⑤把摩擦卡瓦放进中筒体内,向内推摩擦卡瓦,直到摩擦卡瓦的上端面与调节环的下端面靠紧为止。

⑥在冲管上装配浮子后,再套上弹性挡圈。用冲管扳手把冲管拧进摩擦芯轴内并拧紧。

⑦吊起下接头,平稳地使下接头与浮子滑合装配,当浮子已滑入到下接头腔体内的适当位置时,用弹性挡圈钳把已套在冲管上的弹性挡圈,装配到下接头的挡圈槽内。然后,把下接头拧进中筒体,并拧紧。

⑦按"注油"步骤给上击器注油。

⑧按"地面试验"规定步骤进行试验,试验不合格者,要拆卸检查,经修理或更换零件之后,重新组装,试验合格后方可投入使用。若要存放必须在两端接头扣上涂产品丝扣油,并配戴护丝。在上击器表面涂一层钙基润滑脂并贴上一层防护纸。

6. 注油

装配合格的上击器,应按下述步骤注入 L－HM 抗磨液压油。

①使上击器处于关闭位置,且水平放置。

②拧下中筒体上的两个油堵,将注油器的进、回油管分别接到中筒体两个油堵孔上。

③将浮子定位量规放入下接头内,并且勾住冲管下端的肩部。

④向上击器内注油,直到回油管内回流的油中无气泡时,则暂停注油。

⑤卸下回油管,装上油堵且拧紧。继续向上击器注油,直到浮子右移到靠紧浮子定位量规时,停止注油。

⑥取下浮子定位量规,卸下进油管,装上油堵且拧紧(不要拧得过紧,以免滑扣)。

7. 地面试验

①将注满油的上击器,放置在试验架上。

②拉开上击器,观察并记录拉开吨位。

③在关闭上击器的同时,对中筒体与芯轴之间施加反向扭矩,直到找到中筒

体相对于芯轴能够转动的位置时为止。

④中筒体相对芯轴左旋转动六分之一圈时，上击器的拉开吨位相应地就可增加大约 2 t。由于中筒体每次只能够相对于芯轴转动六分之一圈，所以欲调到所需的拉开吨位时，必须重复上述操作。

⑤在调节范围以内，每调节一次，上升的吨位应是均匀的，拉开和关闭时都应无异常响声，上击器的地面试验就为合格。此时将上击器的拉开吨位调到 15 t 左右，关闭上击器。此时的上击器可供下井使用及储存。

8. 技术参数

技术参数见表 4 – 3。

表 4 – 3　贵州高峰 JS 型机械上击器技术参数

型号	外径 /mm	内径 /mm	接头螺纹 API	最大抗拉负荷 /MN	最大工作扭矩 /kN·m	工作行程 /mm	闭合总长 /mm
JS159	159	60	NC50	1.47	13	181 ~ 185	2391
JS70	178	75	51/2FH	1.76	15	181 ~ 185	2331

4.4　JSQ 机械上击器

1. 概述

JSO 型机械上击器是一种在石油钻井工艺中处理卡钻事故的理想的工具。它在打捞作业中紧靠落鱼安装，这使得该工具能直接对落鱼施行向上的冲击作业。上击部分采用机械摩擦原理，震击力是通过调节机构面预先调整好后再下入井内，下井后不能再进行调节。

2. 结构

结构见图 4 – 4，主要由芯轴、花键套、套筒、卡瓦芯轴、调节环、卡瓦、下接头等零件组成。

3. 工作原理

当机械上击器在井内被施以一个向上的拉力时，卡瓦抱住卡瓦芯轴并阻止卡瓦芯轴向上运动，钻杆同时被拉伸而贮存了弹性势能。当向上的拉力到预调的吨位时，卡瓦芯轴则立即从卡瓦内滑脱出来，钻柱释放出弹性势能，卡瓦芯轴上肩将对花键套的下端面产生有力的向上打击。当下放闭

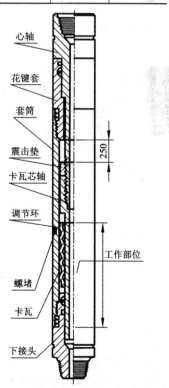

心轴
花键套
套筒
震击垫
卡瓦芯轴
调节环
250
工作部位
螺堵
卡瓦
下接头

图 4 – 4　JSQ 机械上击器

合机械上击器时,卡瓦芯轴推动卡瓦复位。重复上述过程,直至达到解卡目的。

4. 技术参数

技术参数见表 4 - 4。

表 4 - 4 贵州高峰 SQ 型机械上击器技术参数

型号	外径/mm	水眼/mm	工作行程/mm	接头螺纹 API	总长/mm	最大抗拉负荷/kN
JSQ108	108	32	250	NC31	2128	700
JSQ114	114	30	178	3 1/2TBG	1651	300

4.5 整体机械式随钻震击器

1. 结构及特点

结构见图 4 - 5 所示。

该工具是机械式随钻震击器,工作负荷井下不可调整(只能在管子站可调),但工具本身短,使用方便可靠,是随钻类产品中,最短的工具。在工作中钻进可自锁且安全、可靠。需震击时,下放、上提即可震击。

2. 工作原理

(1) 上击工作原理

上提钻具到预定震击负荷,受碟簧弹性势能及卡瓦机构锁紧力作用,震击器开始贮能,锁紧机构受后部碟簧作用使卡瓦锁紧机构抱紧卡瓦芯轴,当卡瓦芯轴随芯轴一起上提,其上提力克服卡瓦锁紧力后震击器将产生上击。如需连续上击,则应下放钻具直到锁紧机构重新锁紧,再重复上述过程,将产生连续上击。

(2) 下击工作原理

下击机构锁紧器的松开负荷可根据使用者需要改变。上锁紧力和下锁紧力之间有一定比率,并且可调。需下击时,下放钻具直到压力达到下锁紧力大小,震击器将产生下击力;若需要重复震击,上提钻具到重新锁紧的位置,重复上述过程。

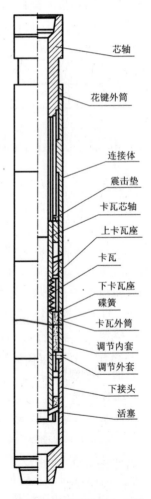

芯轴

花键外筒

连接体
震击垫
卡瓦芯轴
上卡瓦座
卡瓦
下卡瓦座
碟簧
卡瓦外筒
调节内套
调节外套
下接头
活塞

图 4 - 5 JSQ 随钻上击器

3. 使用与操作

（1）下井前的准备

①经重新装配后的产品，各连接螺纹应紧扣，内腔注满液压油，震击吨位可根据某口井具体要求设定，并经地面试验合格。

②下井前震击器处于锁紧状态。

③钻具配置应使震击器处于钻柱中和点偏上的受拉部分。

④推荐的钻具组合：

下钻铤（外径不得小于震击器外径）＋屈性长轴＋JSZ 型震击器＋加重钻杆（外径不得大于震击器外径）。

⑤当震击器接入立柱后，取下卡箍，并妥善保存。

（2）操作方法

①下钻时应先开泵循环，再缓慢下放，切忌直通井底造成"人为下击"。若在下钻过程中发生遇卡，可启动震击器实施上击解卡。

②在正常钻进过程中，震击器应处于锁紧位置，在受拉状态下工作。

③发生卡钻事故需上击时，按以下步骤进行：

a）下放钻具直到指重读数小于震击器以上。钻具悬重 3 ~ 5 t（即压到震击器芯轴上的力）时，震击器回到"锁紧"位置。如已为锁紧状态下井的震击力不进行此步骤。

进行本步骤操作时，可在井口钻杆上划一刻线，下放一个上击行程可确认震击器回到"锁紧"位置。

b）以拉力 G 上提钻柱，刹住刹把等待震击器释放。上击吨位由上提吨位控制，开始应用较低提拉吨位，以后逐渐增加吨位，在同一上提吨位上应多次震击以加强作用效果。再重复上述过程，将产生连续上击。最大上提吨位决不允许超过震击器以上钻柱重量与震击器最大上击释放吨位之和。

$$G = 震击器上部钻柱重量 + 震击器上击释放吨位$$

④当发生卡钻事故需下击时，按以下步骤进行：

a）以压力 G' 下压钻具产生震击。

$$G' = 地面调定的下击吨位 + 泥浆阻力 + 摩擦阻力 + 指重表误差$$

b）上提钻具上提拉力大于震击器上部钻具重量 3 ~ 5 t，使震击器回到锁紧位置，以压力 G' 下压钻具产生震击。重复上述步骤即可继续向下震击。震击器下击回位时，上提钻柱时间不能过长，避免产生不必要的上击。

4. 现场保养及维修

（1）现场保养

在使用时间短或中等程度震击，而震击次数少的情况下，可在钻台现场进行。在井场钻台上起出井后，冲洗震击器外表面、水眼的泥浆，冲洗油堵部位。

清洗芯轴镀铬面，擦干后抹上钙基润滑脂，戴上卡箍，两端接头配戴护丝。

（2）管子站维修

在井下正常运转 400 h 后，或猛烈震击作业之后，应在管子站进行大修。建议大修三次后报废该工具。

①修前应准备好下列设备、工具和附件

a）适用于该工具尺寸的链钳、管钳、扳手等相应工具。

b）吊车、拆装架，试验架等设备。

c）本产品携带的专用工具。

d）清洗用的煤油等。

e）各种所需的润滑脂、润滑油、L－HM32 抗磨液压油。

②震击器的拆卸

a）拆卸前应彻底清洗外筒、水眼及油堵的泥沙。

b）在震击器拆卸以前，应放进试验架内进行检查并与上次的震击负荷对比，以利维修，更换过度磨损的零件。

c）震击器必须处于"锁紧"位置才可拆卸。如不在锁紧位置的震击器应在试验架上运行到此位置。

d）在拆装架上对外筒各连接螺纹松扣。

e）用钳口夹紧卡瓦外筒、卸掉下接头。这时将有油从筒中流出，用容器收集液压油（液压油沉淀过滤后可再使用）。

f）用装配活塞工具卸下活塞。

g）把钳口夹紧连接体卸下卡瓦外筒。

h）收集好卡瓦、卡瓦上座、卡瓦下座、碟簧、调节内套、调节外套。

i）把钳口夹紧花键外筒卸下连接体和卡瓦芯轴及震击垫。

g）从芯轴上卸下花键外筒。

k）卸下所有的密封件。

l）清洗所有的组件，每次拆卸都必须用磁粉或其他无损探伤方法检查所有组件，对套筒及花键、公扣、母扣及台肩都要特别注意，有裂纹者应更换零件。

注意：所有零件拆卸后应按顺序摆放并注意记录。橡胶件注意安装位置并记录以便下次装配。不得混入其他组别的零件。

③震击器装配

a）探伤检查所有受力零件。发现有毛刺，刮伤都要修理，特别是螺纹连接扣，一定要用什锦挫、油石或砂布等仔细地除去毛刺，有裂纹的零件一定要更换。损坏不可修的零件也应更换。密封表面有割痕、缺口或划痕的零件必须修复，不可修复的必须更换。

b）建议更换所有橡胶密封件、密封环、挡圈。

c)洗净各零件并仔细检查,确信零件完好,擦干后,涂一层薄薄的润滑油。装配前所有螺纹连接处涂丝扣油。全部橡胶件部位及花键部位,各配合部位均涂 L－HM32 抗磨液压油。

d)装配所有橡胶件于各零件上。

e)夹住芯轴大头,将花键外筒内密封面涂上少量钙基润滑脂装入芯轴上。

f)将震击垫及卡瓦芯轴装入芯轴上,并按表 4－5 规定紧扣。

g)夹住花键外筒,将连接体安装在花键外筒上。

h)将卡瓦上座、卡瓦、卡瓦下座、碟簧、调节内套、调节外套装到卡瓦芯轴上,再将卡瓦外筒安装到连接体上。保持调节内套、调节外套间的间隙。

i)将活塞组件安装到卡瓦芯轴上,并按表 4－5 规定紧扣。

j)把下接头装到卡瓦外筒上。

k)装配完毕的震击器按表 4－5 规定的扭矩对外筒进行紧扣。

表 4－5　各连接螺纹紧扣扭矩

型号	卡瓦芯轴与芯轴/kN·m	活塞与卡瓦芯轴/kN·m	外筒连接螺纹/kN·m
JSZ46	3	3	9
JSZ62	10	5	22
JSZ64	10	5	22
JSZ80	15	10	42

(3)地面试验

①注油

a)将震击器放入虎钳中(不要夹紧)让震击器上接头端升高。

b)将加油接头及加油胶管接在花键外筒的加油孔中,卡瓦外筒的油孔接入回流胶管,以慢速度向震击器加注 L－HM32 抗磨液压油。加油直到无泡为止,拧紧油堵。

②密封试验

震击器紧扣注油后,两端接头螺纹装上密封试验接头,用试验架液压系统将油打压。试验压力为 20 MPa,稳压 5 min,压降不超过 0.5 MPa;若用清水试验,压力为 15 MPa,稳压 5 min,不降压,不漏水为合格。

③震击试验

a)震击器必须按表 4－5 建议的紧扣力矩上紧后方可在试验架中进行。

b)出厂震击负荷按表 4－6 规定调校好并记录在表格中后方可出厂。用户在产品维修后可按各油田及地区的要求调校上、下击所需击力吨位。

表4-6　震击载荷参数

型号	最大上击力/kN	最大下击力/kN	出厂上击力/kN	出厂下击力/kN
JSZ46	490	270	320±25	200±25
JSZ62	600	360	435±25	270±25
JSZ64	600	360	435±25	270±25
JSZ80	820	460	550±25	340±25

5. 技术参数

技术参数见表4-7。

表4-7　贵州高峰机械式随钻震击器技术参数

型号	外径/mm	内径/mm	上击行程/mm	下击行程/mm	工作扭矩/kN·m	最大抗拉负荷/MN	最大上震击力/kN	最大下震击力/kN	总长/mm
JSZ46	124	51.4	227	152	13	1.4	490	270	4 130
JSZ62	162	57.2	230	152	15	2.2	600	360	4 150
JSZ64	168	57.2	230	152	15	2.2	600	360	4 150
JSZ80	203	71.4	232	152	20	2.5	820	460	4 210

4.6　开式下击器

1. 概述

KXJ型开式下击器(以下简称下击器),是钻井打捞作业中普遍使用的一种震击解卡工具,它借助钻柱的重量和弹性伸缩,根据现场需要,采用不同的操作方法,可达到:①产生强大的下击力;②解脱打捞工具;③作"恒压给进"工具。

下击器主要零部件选用高强度合金钢,并经调质处理,使其具有优良的综合机械性能,以满足井下拉、压、扭、冲击等复杂应力及寿命要求。它结构简单、操作、维护方便,震击效果显著,是一种良好的下击解卡工具。因而受到各油田和地质部门的信任和欢迎。

2. 结构

下击器主要由上接头、筒体、下接头、震击杆、震击垫等组成,见图4-6所示。上接头与上部钻杆相接,震击杆连接下部钻杆。震击杆和下接头是六方滑动配合,不仅可以上下自由滑动,还可以传递扭矩。

3. 工作原理

拉开下击器的工作行程，然后突然释放，利用上接头以上钻柱重量给卡点以强有力的震击。作恒压给进工具时，下击器呈半拉开状态，下部钻柱悬重为恒定钻压。

4. 操作

（1）下井前准备

下击器下井前，应进行仔细检查，表面无裂纹，拉开、闭合无卡滞现象，并按规定的扭矩和钻柱连接。震击作业时，切勿边旋转边震击，以免复合应力超载，容易使工具损坏或造成事故。

（2）井内下击

①钻具组合（推荐）：打捞工具 + 安全接头 + 下击器 + 钻铤 + 钻杆柱

若因打捞作业时，需要下弯钻杆或弯接头，最好接在下击器的上面，以免影响震击效果。

②上提捞柱将下击器行程完全拉开。

③快速下放捞柱，使下击器关闭，利用下击器以上捞柱重量产生强烈的下击力。

（3）井内解脱打捞工具

当打捞工具（如打捞筒）捞住落鱼后，还解除不了事故，而需与落鱼脱开时，可利用同捞柱一起下入井内的下击器进行轻微的震击，使其脱开落鱼。

①上提捞柱，拉开方入约是下击器全行程的 1/4 ~ 1/3。

②快速下放，下放方入等于上提方入时刹车，这样就能产生轻微的下击，解脱打捞工具。

（4）井口解脱打捞工具

①在下击器上部接 2 ~ 3 根加重钻杆或钻铤。

②拉开下击器一定行程，在两撞击面间垫上一个带柄大锤。

③拉开大锤，即产生下击。

④若游动系统允许时，亦可以将下击器拉开一定距离后，以适当的速度和重量下放，也能产生一定的下击作用。

注意：悬吊工具一定要销紧，操作时要仔细，防止悬吊工具跳开发生事故。

（5）作为"恒压给进"工具

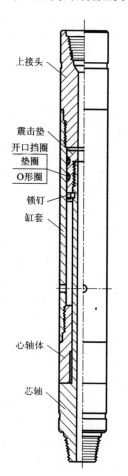

上接头

震击垫
开口挡圈
垫圈
O形圈

锁钉

缸套

心轴体

芯轴

图 4 - 6　开式下击器

开式下击器可作为井内进行切割管子作业时的"恒压给进"工具。给进的压力应为下击器以下割刀以上加重钻杆的重量(实际重量减去泥浆浮力)。恒压给进时,只需要下击器始终保持有一定的拉开状态即可。由于加压在割刀上的压力不变,因而能保证割刀的平稳工作;延长割刀的使用寿命。

5.拆卸和再装配

(1)拆卸

①清洗外表和内孔。

②虎钳夹紧筒体,完全松开筒体与下接头的螺纹连接,平直的拉出震击杆。

③卸去上接头。

④卸去震击垫上的紧定螺钉。

⑤用虎钳夹住震击杆大端,管钳夹住震击垫滚花段,卸下震击垫。

⑥从震击垫上取下开口垫圈、橡胶垫圈和O形密封圈。

注:该步骤亦可以在未卸震击垫之前进行。

(2)装配

①检查各零件,损坏件应予更换,各撞击面有墩粗变形者允许在机床上修复使用。若是螺纹变形或损坏应更换新件。

②清洗各零件,并涂足够的润滑油脂。

③将下接头套在震击杆的外六方上,并检查,其滑动必须灵活。

④装震击垫总成。

⑤将震击垫总成装在震击杆上端,并紧扣。

⑥配装震击垫上的紧定螺钉。

⑦在虎钳上夹持筒体,把震击杆总成小心的穿入筒体。

⑧将下接头和筒体连接并紧扣。

6.地面试验

装配好的下击器应进行地面试验:

①拉开、关闭下击器3~5次,运动灵活无卡滞为合格;

②下击器两端配装试验接头,水眼打压20 MPa,要求稳压5 min,不渗不漏为合格。

7.维护和保养

①下击器使用后,应完全拆卸清洗,并检查各零部件是否完好,损坏件应更换,丝扣有轻微损坏者可以用挫刀,油石和砂布修整使用,撞击面有墩粗现象者允许在机床上修理,但撞击面一定要倒角。

②凡经大负荷强烈震击和大扭矩转动后,主要零件,如震击杆、筒体、下接头和上接头必须进行探伤检查。

③震击杆产生弯曲变形,但还可以使用时,应校直后再用。

④下击器应涂防锈油脂，配带护丝，呈关闭状态入库，水平放置，以免弯曲变形。

⑤橡胶件储存期限18个月。

8. 常见故障及排除

（1）下击器拉不开

①缸套变形或严重碰损、凹陷——修理或更换。

②震击杆外六方碰损——修复或更换。

③震击杆在全长范围内弯曲变形——校正或更换。

④六方配合处有岩屑卡死——清除

（2）下击器不密封

①O形圈损坏——更换。

②震击杆与震击垫间螺纹紧扣扭矩不够或紧固螺钉松动或折断造成震击杆与震击垫连接螺纹松扣——紧扣或更换紧定螺钉。

③接头螺纹台肩损伤——修理。

9. 注意事项

①使用后的下击器，应及时清洗、维修保养。

②下击器拆卸、装配和起下钻时，不得夹持损坏螺纹部位和镀铬面。

③下击器的任何部位均不允许加焊。

④经地面试验合格的下击器方能下井。

10. 技术参数

技术参数见表4-8。

表4-8 贵州高峰开式下击器技术参数

型号	外径 /mm	内径 /mm	接头螺纹 API	最大抗拉负荷 /MN	最大工作扭矩 /kN·m	最大行程 /mm	闭合总长 /mm
KXJ26	71	25.4	φ50 钻杆螺纹	173000	1.38	450	1260
KXJ95	95	38	NC26	0.5	4	508	1 800
KXJ40	102	32	2 3/8 REG	0.6	5	700	1 900
KXJ44	114	38	NC31	0.8	7	440	1 500
KXJ46	121	38	NC38	0.9	8	914	1 986
KXJ62	159	51	NC50	1.5	13	1400	2627
KXJ165	165	51	NC50	1.6	14	1400	2633
KXJ70	178	70	NC50	1.8	15	1552	2737
KXJ80	203	70	6 5/8 REG	2.2	18	1600	2901
KXJ90	229	76	7 5/8 REG	2.5	20	1600	2881

4.7 闭式下击器

1.概述

闭式下击器是一种结构简单,工作可靠,使用方便的打捞震击工具,对深井、中深井的震击作业效果显著。它主要是下击作业,对于粘附,填埋,键槽被卡等卡钻事故,是行之有效的解卡工具之一。还可解脱打捞工具与落鱼的咬合,或作"恒压给进"工具。闭式下击器现已广泛应用,普遍认为:该工具使用方便、震击力大、效果好,使用寿命长,是一种良好的震击解卡工具。

2.结构

见图4-7所示,主要由震击杆、螺母垫、上缸套、中缸套、震击垫、导向管(冲管)、下接头、油堵及密封装置等组成。

3.工作原理

简单地说,就是自由落体由重力势能转换为动能,最后以碰撞形式冲击卡点。当然在实际中由于泥浆和井壁摩擦的作用,这种自由落体并不"自由"。

闭式下击器正是利用这一原理进行震击作业的。下击时螺母垫打击在上缸套的端面上,使强大的震击力传递到卡点,经反复震击,可使卡点解卡。

4.操作

同开式下击器。

5.拆卸和装配

(1)拆卸

①清洗下击器外表及水眼。

②用液压拆装工作台的钳口夹住中缸套,松开中缸套与下接头的螺纹。

③卸下下接头,用干净容器接油。

④用钳口夹紧上缸套,松开螺纹扣,并卸下中缸套,接住流出的油。

⑤用钳口夹紧震击杆大端,再用管钳夹紧导向管末端的扳手位置,卸下导向管。

⑥小心地从震击杆上移去上缸套。

⑦用专用弯头起子,从下接头、上缸套、震击杆上取下O形圈。

⑧用专用扳手拧下上缸套,中缸套上的油堵,卸去油堵上的O形圈。

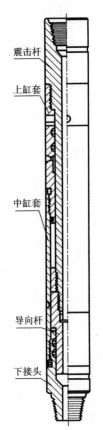

震击杆

上缸套

中缸套

导向杆

下接头

图4-7 闭式下击器

注意：对震击杆、上缸套、中缸套、下接头等重要受力零件在受强烈震击或大扭后应进行探伤检查；建议重新更换拆下的密封件；下击器内部放出的油不再继续使用。

（2）装配

经检验合格的零件方可进行装配，注意零件上的毛刺应去除。

①清洗全部零件。

②装配密封件。

两个密封槽内的零件均装好后，用密封校正规校正。校正时可用手锤轻轻敲击，应保持时效 30 min。

③按与拆卸顺序相反的步骤进行装配。装配时各连接螺纹涂少量 MoS 钠基润滑脂，内、外各密封表面镀铬面、花键表面涂 L-HM32 抗磨液压油。各大零件在装配时，一定要端平对中，以防粘扣。

④紧扣

装配完的下击器应按规定扭矩紧扣。

6. 注油与试验

（1）注油

将产品母扣端吊起与地面约成 30° 倾角，用手动注油泵向产品内部注 L-HM32 抗磨液压油。下油堵孔接进油管，上油堵孔接回油管，当回油管内气泡消失，出现回油，表明产品内部已注满油。装上油堵并拧紧。

（2）试验

①将工具全行程拉开、关闭 3 ~ 5 次，运动应平稳，无卡滞现象。

②工具两端配装试验接头，往水眼打压 20 MPa，稳压 3 min，应不渗不漏。

7. 维护与保养

（1）钻台上的保养

从井内取出下击器后，应清除外表及水眼内的泥污，一般情况下应以一个立柱停放在钻杆盒上。

（2）长期存放的维护

存放前，应进行拆卸、检修、更换已损坏的零件，重新组装、配戴护丝，并做好防锈措施。如存放期超出 18 个月，应更换新橡胶件，以免影响密封效果。

下击器的橡胶件备件在正常保管条件下（温度 25C 左右，相对湿度不大于 80%，避免阳光直接照射，远离热源 1 m 以上，不与有损橡胶件的物质接触等），有效期为 18 个月。

8. 常见故障

（1）工具拉不开的主要原因

①中缸套变形或出现严重凹陷。

②震击杆严重变形。

（2）不密封的主要原因

①两端接头扣的台肩损坏。

②橡胶件老化、磨损、损坏。

9. 注意事项

10. 技术参数

技术参数见表4-9。

表4-9　贵州高峰闭式下击器技术参数

型号	外径/mm	内径/mm	最大抗拉负荷/MN	最大工作扭矩/kN·m	最大行程/mm	打开总长/mm
BXJ73	73	20	0.3	3	268	1837
BXJ89	89	28	0.4	3.5	268	1837
BXJ95	95	32	0.5	4	266	1837
BXJ105	105	32	0.6	5	400	2285
BXJ108	108	32	0.7	6	400	2285
BXJ44	114	38	0?8	7	268	1832
BXJ46	121	38	0.9	8	405	2285
BXJ62	159	50	1.5	13	467	2763
BXJ70	178	70	1.8	15	470	2952
BXJ80	203	78	2.2	18	462	2952

4.8　地面下击器

1. 用途

地面震击器是一种用于从地面下击井内被卡钻具的解卡工具，它不需要把井内的钻具倒开，只是把方钻杆卸开，把工具接在井口钻具上，就可以进行震击。震击力的大小可以在井口调节，结构简单，使用方便。其结构见图4-8所示。

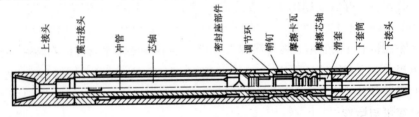

图4-8　地面下击器

2．技术参数

技术参数见表 4 – 10。

表 4 – 10

型号	外径/mm	行程/mm	最大震击力/kN	最大抗拉负荷/kN	闭合长度/mm
DJ40	121	1000	600	1200	2500
DJ70	178	1200	1000	1500	3000

4.9 机械式随钻震击器

1．概述

机械式随钻震击器是一种机械式随钻震击、解卡工具。它集上、下震击作用于一体，可解除钻井作业过程中发生的井下遇阻、遇卡等卡钻事故。它是打定向井、深井的首选震击工具。与液压式或液压 – 机械式随钻震击器相比，Jz 型随钻震击器具有如下显著优点：

①由于采用了机械结构，内腔液压油品质变化不影响震击效果。

②内腔不产生高压，密封性能好，其使用寿命得到显著提高。

③下井前调定上、下震击吨位，下井操作时不再变化，保持恒定的震击力。

④$4\frac{3}{4}$英寸(120.65 mm)的震击器除外，其余规格的 Jz 型随钻震击器外筒各连接螺纹均采用锥扣，拆装更方便。

⑤它独特的结构，使震击器传递扭矩更为准确，使它更适合于钻斜井中使用。

2．结构与工作原理

（1）结构

如图 4 – 9 所示。

（2）上击工作原理

使震击器处于锁紧位置，上提钻柱，受下面一组弹性套作用，迫使钻柱储能、延时。当卡瓦下行，达到预定吨位后，解除锁紧状态，卡瓦中轴滑出，产生上击。重复上述过程，可使工具再次上击。

（3）下击工作原理

使震击器处于锁紧位置，下压钻柱，受上面一组弹性套作用，迫使钻柱储能、延时。当卡瓦上行，达到预定吨位后，解除锁紧状态，卡瓦中轴滑出，产生下击。重复上述过程，可使工具再次下击。

3．使用与操作

（1）下井前的准备

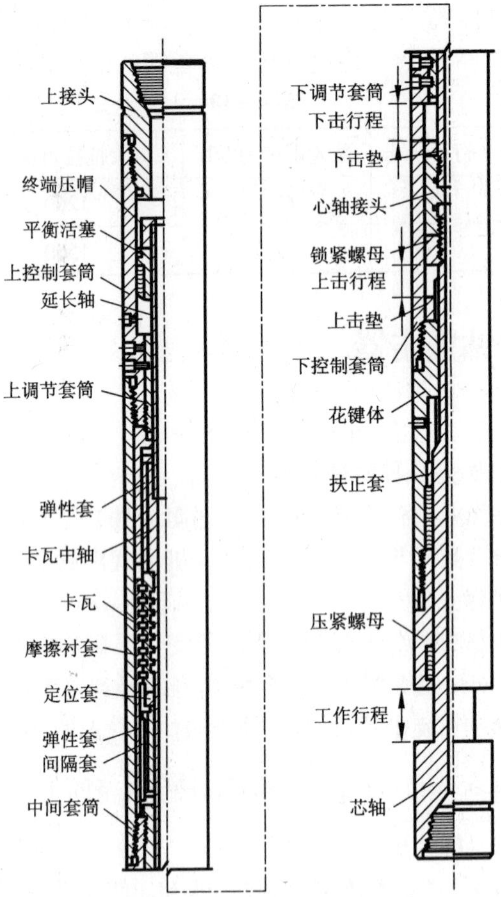

图 4-9 机械式随钻震击器

①经重新装配后的产品,各连接螺纹应紧扣。内腔注满 L - HM32 抗磨液压油,震击吨位可根据某口井具体要求调定,并经地面试验合格。

②下井前震击器处于锁紧状态。

③钻具配置应使震击器处于钻柱中和点偏上的受拉位置。为增加钻具的挠性,减小工具的弯曲应力,震击器下部必须连接屈性长轴。

④推荐的钻具组合:

钻铤(外径不得小于震击器外径) + 屈性长轴 + Jz 型震击器 + 加重钻杆(外径不得大于震击器外径)

⑤当震击器接入立柱后,取下卡箍,保存好待起钻时用。

(2)操作方法

①下钻时应先开泵循环,再缓慢下放,切忌直通井底造成"人为下击"。若在

下钻过程中遇卡,可启动震击器实施上击解卡。

②在正常钻进过程中,震击器应处于打开位置,在受拉状态下工作,但当下部钻柱重量不大于震击器上击锁紧力的一半时可在锁紧状态下工作。

③发生卡钻事故需上击时,按以下步骤进行:

a)放钻具直到指重表读数小于震击器以上钻具悬重 3 ~ 5 t(即压到震击器芯轴上的力),震击器回到"锁紧"位置。

进行本步骤操作时,可在井口钻杆上划一刻线,下放一个上击行程可确认震击器回到"锁紧"位置。

b)上提钻具产生震击(符号含义同随钻震击器)。

上提力 = $G_1 - G_2 + G_3 + G_4 + G_5 + G_6 - G_7$

④发生卡钻事故需下击时,按以下步骤进行:

a)下放钻具直到指重表读数小于震击器以上钻具悬重 3 ~ 5 t(即压到震击器芯轴上的力),震击器回到"锁紧"位置。

b)下压钻具产生震击。

下压力 = 地面调定的下击吨位 + 泥浆阻力 + 摩擦阻力 + 指重表误差

(3)现场保养

使用时间短或中等程度震击,且震击次数少的情况下,可在钻台现场进行。

在井场钻台上将震击器起出井口后,冲洗震击器外表面、水眼的泥浆,冲洗油堵部位。清洗芯轴镀铬面,擦干后抹上钙基润滑脂,戴上卡箍,两端接头配戴护丝。

4. 技术参数

技术参数见表 4 - 11。

表 4 - 11　贵州高峰机械式随钻震击器技术参数

型号	外径/mm	内径/mm	最大抗拉负荷/MN	最大工作扭矩/kN·m	开泵面积/cm²	上击行程/mm	下击行程/mm	总长(锁紧位置)/mm
JZ95	95	28	0.5	5	32	200	200	5800
JZ108	108	36	0.7	10	38	203	203	6404
JZ121	121	51.4	1.0	12	60	198	205	6343
JZ159M	159	57	1·5	14	100	149	166	6517
JZ165	165	57	1.6	14	100	149	166	6517
JZ178	178	57	1.8	15	100	147.5	167.5	6570
JZ203	203	71.4	2.2	18	176	144.5	176.5	7234
JZ229	229	76	2.5	22	181	203	203	7753

4.10　液压随钻震击器

1.概述

YSZ 型液压随钻震击器是连接在钻具中随钻具进行钻井作业的井下工具。当井内发生卡钻事故时，可立即启动震击器进行上击或下击。另外它还可以用于中途测试和打捞作业，代替打捞震击器。使用 YSZ 液压随钻震击器解卡迅速，可减少卡钻事故的处理时间，避免井下事故恶化的危险，是打深井，定向井的理想工具。YSZ 型液压随钻震击器属整体式随钻，可以上击或下击。上击采用液压工作原理，可由提拉的吨位变化获得不同的上击吨位，但不允许超过最大震击吨位。下击为自由落体，其震击力的大小由震击器以上钻具的重量决定。

2.结构和工作原理

（1）结构

如图 4 - 10 所示，主要结构由上轴、中轴、下轴、传动套、上筒、连接体、下筒、下接头、活塞机构、橡胶密封件等零件组成。密封件使震击器构成上、下两个油腔，上轴与传动套花键在上油腔工作，由花键传递工作扭矩，还可轴向活动一定行程。活塞在下高压油腔里工作，它是产生上击的主要零件。

（2）上击工作原理

上击动作通过活塞、旁通体、密封体、下筒获得。上击时，先下放钻柱，使上轴向下移动，活塞在下筒小腔受阻、活塞离开密封体，打开旁通油道。当芯轴台肩碰到传动套端面时震击器关闭。上提钻柱使震击器受到一定的拉力，这时震击器的活塞由下筒下部大腔逐渐进入小腔，密封体与活塞下端面的通道封闭，只有活塞底部的两条泄油槽可以通过少量液压油，形成节流阻力，其余液压油被阻于活塞上部，油压增高、阻力增大，使震击器上面的钻柱在拉力作用下发生弹性伸长而储存了能量；当活塞运动到下筒上部大腔时，因间隙增大，压力腔的液压油在短时间内释放能量，活塞突然失去阻力，使钻柱

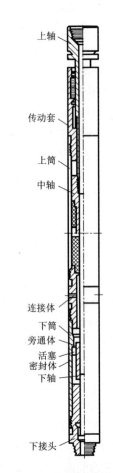

图 4 - 10　液压随钻震击器

骤然卸载而产生弹性收缩，震击器下轴以极高的速度撞击到传动套下端，给连接在外筒下部的被卡钻具以强烈的向上震击力。

（3）下击工作原理

下击时，先下放钻柱，使震击器关闭，然后上提钻柱使震击器内的活塞刚进入下筒小腔，这时猛放钻柱，使震击器以上的钻柱迅速下落，直至震击器的上轴接头下端面打击到传动套上端面，给连接在外筒下部的被卡钻具以强烈的向下震击力。

3. 使用与操作

（1）安装位置

①震击器一般接装在钻具的中和点偏上位置，使震击器在受拉状态下工作。

②震击器应安装在井下易卡钻具的上端，并尽量靠近可能发生的卡点，以使震击时卡点受到较大的震击力。

③装在钻铤与钻杆之间，震击器上方应加 2 ~ 3 根加重钻铤，以便震击器回位。

④震击器上部的钻具和其他任何工具的外径要小于或等于震击器外径，不允许大于震击器外径，而震击器下部的钻具和其他任何工具只允许稍大于或等于震击器外径。

⑤震击器下部钻铤的重量应大于设计钻压，使震击器处于受拉状态下工作。

（2）起、下钻

①将已准备好的震击器用提升短节吊上钻台，严防撞击。

②涂好丝扣油，按规定扭矩将震击器拧紧在钻柱上，提起钻柱、取下上轴卡箍（保管好）。

③震击器在井内起、下钻过程中，始终处于拉开状态。

④若起、下钻过程中遇卡，可启动震击器解卡。

⑤起、下钻过程中，决不允许将任何夹持吊装工具卡在上轴拉开部位（即上轴镀铬面的外露部份），以防损坏上轴。

⑥起钻时，上轴呈拉开状态，必须在上轴镀铬面处装好卡箍，方可编入立柱放在钻杆盒上。

（3）震击解卡

①上击解卡：

a）操作前必须正确地计算震击器作业时指重表的读数（上提吨位）。

震击器释放时指重表读数（上提吨位）为：震击器上部的钻具重量＋所需的震击吨位＋钻具与井壁的摩擦阻力（估算）。

注：所需的震击吨位决不允许超过最大震击吨位。

b）下放钻柱对震击器施加约 98 kN 的压力，关闭震击器。

c)上提钻柱使震击器释放震击,震击强度由提升吨位控制,开始时用中等程度的震击力,以后逐渐增加,上击时,指重表显示的吨位应下降。

d)如果上提震击器不震击,可能是震击器没有完全回到位,可重新下放钻柱,此次应比上一次下放的吨位大一些。若再不震击,应分析原因或将震击器送管子站维修。

e)按上述步骤,可反复进行上击。

②下击解卡:

下击力的大小与震击器上方钻柱的重量有关,重量越大,下击力也就越大。

a)下放钻柱对震击器施加约 98 kN 的压力,关闭震击器。

b)上提钻柱,使震击器被拉开一定行程,在方钻杆上作一刻度来测量拉开行程,YSZ159 行程为 370~400 mm,YSZ121. YSZ178. YSZ203 行程为 320~350 mm。

注:上提过程中发觉提拉吨位增高时,应停止上拉。

上提吨位 = 震击器上部重量 + 震击器所需的拉开力 98 kN + 钻具与井壁的摩擦阻力(估算)。

c)立即猛放钻柱,直到震击器关闭发生撞击。

d)按上述步骤可反复下击。

(4)注意事项

①震击器必须经地面试验合格后,上轴呈拉开状态,并戴有卡箍,方可上井使用。

②入井时,必须把上轴部位的卡箍取下(保管好)。

③震击器下端应接安全接头,以便震击无效时,可倒扣取出震击器。

④震击器使用过程中,起钻或下钻时应仔细检查,若发现外表有裂纹、漏油现象时不允许下井使用。

⑤震击器在井下连续使用 500 h,或进行高吨位、次数较多的震击后,应送到管子站进行维修。

⑥震击器不使用时,必须将外表面清洗干净,上轴外露的镀铬面部位涂抹钙基润滑脂,并戴好卡箍,安全卸下钻台,严防碰击。

4. 震击器维修

本工具长期在井下运转使用(正常运转达 500 h)或经猛烈震击作业之后,都应该送到管子站进行维修。

5. 技术参数

技术参数见表 4 - 12。

表 4 – 12　贵州高峰 YSZ 型液压随钻震击器技术参数

型号	外径 /mm	水眼 /mm	闭合总长 /mm	拉开行程 /mm	最大工作扭矩 /kN·m	最大抗拉负荷 /kN	最大震击力 /kN	出厂震击力 /kN
YSZ121	121	50	5757	650	12	1 000	300	200
SZ159	159	57	6435	700	14	2500	600	350
YSZ178	178	60	6425	700	15	1 800	700	350
YSZ203	203	70	6 646	700	18	2200	800	450

4.11　机械液压式随钻震击器

1. 结构及特点

结构见图 4 – 11 所示。

JYQ 型机械液压式随钻震击器是一种机械液压式随钻震击、解卡工具。它集上、下震击作于一体，可解除钻井作业过程中发生的井下遇阻、遇卡等钻井事故。是打定向井、深井的首选震击工具。

2. 工作原理

（1）上击工作原理

上提钻具，卡瓦组件受碟簧弹性力及卡瓦机构锁紧力作用，迫使卡瓦锁紧机构抱紧卡瓦芯轴。当卡瓦芯轴随芯轴一起上行克服卡瓦锁紧力以及液压阀总成与延长轴之间的阻尼作用，震击器将使钻柱储能、延时，当芯轴上行到解除约束状态，钻柱中储存的弹性势能转换成向上的动能，产生上击。如需连续上击，则应下放钻具直到锁紧机构重新锁紧，再重复上述过程，将产生连续上击。

（2）下击工作原理

下击机构锁紧器的松开负荷可根据使用者需要改变。上锁紧力和下锁紧力之间有一定比率，并且可调。需下击时，下放钻具直到压力达

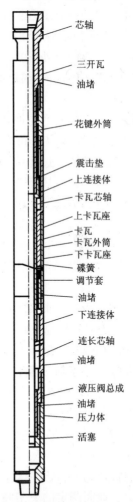

芯轴
三开瓦
油堵
花键外筒
震击垫
上连接体
卡瓦芯轴
上卡瓦座
卡瓦
卡瓦外筒
下卡瓦座
碟簧
调节套
油堵
下连接体
连长芯轴
油堵
液压阀总成
油堵
压力体
活塞

图 4 – 11　机械液压式随钻震击器

到下锁紧力,震击器将产生下击力。若需要重复震击,上提钻具到重新锁紧的位置,重复上述过程。

3. 使用与操作

(1)下井前的准备

①经重新装配后的产品,各连接螺纹应按表 4 – 13 规定紧扣。内腔注满 L – HM32 抗磨液压油,震击吨位和锁紧力可根据某口井具体要求调定,并经地面试验合格。

②下井前震击器处于锁紧状态。

③钻具配置应使震击器处于钻柱中和点偏上的受拉部分。

④推荐的钻具组合:

钻铤(外径不得小于震击器外径)+ 屈性长轴 + HQ 型震击器 + 加重钻杆(外径不得大于震击器外径)+ 上部钻具

⑤当震击器接入立柱后,取下卡箍,并妥善保存。

(2)操作方法

①下钻时应先开泵循环,再缓慢下放,切忌直通井底造成"人为下击"。若在下钻过程中发生遇卡,可启动震击器实施上击解卡。

②在正常钻进过程中,震击器应处于锁紧位置,在受拉状态下工作。

③发生卡钻事故需上击时,按以下步骤进行:

a)下放钻具直到指重表读数小于震击器以上钻具悬重 3 ~ 5 t(即压到震击器芯轴上的力),震击器回到"锁紧"位置。如已为锁紧状态下井的震击力不进行此步骤。

进行本步骤操作时,可在井口钻杆上划一刻线,下放一个上击行程可确认震击器回到"锁紧"位置。

b)以拉力 G 上提钻柱,刹住刹把等待震击器释放。上击吨位由上提吨位控制,开始应用较低提拉吨位,以后逐渐增加吨位,在同一上提吨位上应多次震击以加强应用效果。最大上提吨位决不允许超过震击器以上钻柱重量与震击器最大上击释放吨位之和。再重复上述过程,将产生连续上击。在不同钻头水力压降的情况下,震击器最大上击释放吨位是不同的,震击器最大上击释放吨位应按不同钻头水力压降分别确定。

G = 震击器上部钻柱重量 + 震击器上击释放吨位。

④当发生卡钻事故需下击时,按以下步骤进行:

a)以压力 G' 下压钻具产生震击。

G' 二地面调定的下击吨位 + 泥浆阻力 + 摩擦阻力 + 指重表误差

b)上提钻具,上提拉力大于震击器上部钻具重量 3 ~ 5 t,使震击器回到锁紧位置,重复上述步骤即可继续向下震击。震击器下击回位时,上提钻柱时间不能过长，避免产生不必要的上击。

4.现场保养及维修

（1）现场保养

使用时间短或中等程度震击，而震击次数少的情况下，可在钻台现场进行。在井场钻台上将震击器起出井后，冲洗震击器外表面、水眼的泥浆，冲洗油堵部位。清洗芯轴镀铬面，擦干后抹上钙基润滑脂，戴上卡箍，两端接头配戴护丝。

（2）管子站维修

在井下正常运转 400 h 后，或猛烈震击作业之后，应在管子站进行大修。建议大修三次后报废该工具。

①修前应准备好下列设备、工具、附件：

a）适用于该工具尺寸的链钳、管钳、扳手等相应工具。

b）吊车、拆装架，试验架等设备。

c）本产品携带的专用工具。

d）清洗用的煤油等。

e）各种所需的润滑脂、润滑油、L – HM32 抗磨液压油。

②震击器的拆卸：

a）拆卸前应彻底清洗外筒、水眼及被堵的泥沙。

b）在震击器拆卸以前，应放进试验架内进行检查并与上次的震击负荷对比，以利维修，更换过度磨损的零件。

c）震击器必须处于拉开全行程状态位置才可拆卸。如不在拉开全行程状态位置的震击器应在试验架上运行到此位置。

d）在拆装架上对外筒各连接螺纹松扣。

e）用钳口夹紧下连接体、卸掉压力体。这时将有油从筒中流出，用容器收集液压油（液压油沉淀过滤后可再使用）。

f）用装配活塞工具卸下活塞。

g）用钳口夹紧卡瓦外筒卸掉下连接体。这时将有油从筒中流出，用容器收集液压油（液压油沉淀过滤后可再使用）。

h）用钳口夹紧花键外筒卸延长芯轴及液压阀总成，卸下卡瓦外筒。

i）收集好卡瓦、卡瓦上座、卡瓦下座、碟簧、调节内套、调节外套。

j）用钳口夹紧花键外筒卸下上连接体。

k）从芯轴上卸下震击垫、卡瓦芯轴、花键外筒。

l）卸下所有的密封件。

m）清洗所有的组件，每次拆卸都必须用磁粉或其他无损探伤方法检查所有组件，套筒及花键、公扣、母扣及台肩都要特别注意，有裂纹者应更换零件。

注意：所有零件拆卸后应按顺序摆放并注意记录。橡胶件注意安装位置并记录以便下次装配。不得混入其他组别的零件。

（3）震击器装配

①探伤检查所有受力零件，发现有毛刺，刮伤都要修理，特别是螺纹连接扣，一定要用什锦挫、油石或砂布等仔细地除去毛刺，有裂纹的零件一定要更换。损坏不可修的零件也应更换。密封表面有割痕缺口或划痕的零件必须修复，不可修复的必须更换。

②建议更换所有橡胶密封件、密封环、挡圈。

③洗净各零件并仔细检查，确信零件完好，擦干后，涂一层薄薄的润滑油。装配前所有螺纹连接处涂丝扣油。全部橡胶件部位及花键部位，各配合部位均涂抗磨液压油。

④装配所有橡胶件在各零件上。

⑤检查下连接体和液压阀总成的配合面，如有刮伤必须更换。

⑥夹住芯轴大头，在花键外筒内密封面涂上少量钙基润滑脂装入芯轴上。

⑦将震击垫及卡瓦芯轴装入芯轴上，并按表4-13规定紧扣。

⑧夹住花键外筒，将上连接体安装在花键外筒上。

⑨将卡瓦上座、卡瓦、卡瓦下座、碟簧、调节内套、调节外套装到卡瓦芯轴上，再将卡瓦外筒安装到上连接体上。保持调节内套、调节外套间的间隙。

⑩将延长芯轴装到卡瓦芯轴上，并按表4-13规定紧扣。

⑪将下连接体装到卡瓦外筒上。

⑫将液压阀总成和活塞装到延长芯轴上，并按表4-13规定紧扣。

⑬把压力体装到下连接体上。

⑭装配完毕的震击器按表4-13规定的扭矩对外筒进行紧扣。

表4-13 机械液压式随钻震击器连接螺纹紧扣扭矩

型号	卡瓦芯轴与芯轴 /kN·m	延长芯轴与卡瓦芯轴 /kN·m	活塞与延长芯轴 /kN·m	外筒连接螺纹 /kN·m
JYQ121	3	3	3	9
JYQ159	10	5	5	22
JYQ165	10	5	5	22
JYQ203	15	10	10	42

（4）地面试验

①注油：

将震击器放平，以慢速度向震击器两个内腔注 L-HM32 抗磨液压油。加油直到无泡为止，拧紧油堵。

②密封试验：

震击器紧扣注油后，两端接头螺纹装上密封试验接头，用试验架液压系统油 20 MPa，稳压 5 min，压降不超过 0.5 MPa；若用清水试验，压为为 15 MPa，稳压 5 min 合格。

③震击试验：

a）震击器必须按表 4 - 13 规定的紧扣力矩上紧后方可在试验架中进行。

b）出厂震击负荷按表 4 - 14 规定调校好并记录在表格中后方可出厂。用户可在各油田及地区的要求调校上、下击需击力吨位。

表 4 - 14　机械液压式随钻震击器震击载荷参数

型号	最大上击力 /kN	最大下击力 /kN	出厂上击力 /kN	出厂下击力 /kN	上击解锁力 /kN
JYQ121	490	270	360 ± 25	200 ± 25	320
JYQ159	600	360	470 ± 25	270 ± 25	440
JYQ165	600	360	470 ± 25	270 ± 25	440
JYQ203	820	460	610 ± 25	340 ± 25	550

5. 技术参数

技术参数见表 4 - 15。

表 4 - 15　贵州高峰机械液压式随钻震击器技术参数

型号	外径 /mm	内径 /mm	上击行程 /mm	下击行程 /mm	工作扭矩 /kN·m	最大抗拉负荷 /MN	最大上击力 /kN	最大下击力 /kN	总长 /mm	活塞面积 /mm²
JYQ121	124	51.4	227	152	13	1.4	490	270	4500	2516
JYQ159	162	57.2	230	152	15	202	600	360	5007	6446
JYQ165	168	57.2	230	152	15	2.2	600	360	5007	6446
JYQ203	203	71.4	232	152	20	2.2	820	460	5095	9170

4.12 超级震击器

1. 概述

超级震击器是一种先进的打捞震击工具，该工具应用了液压和机械原理，采用了先进的工艺技术并集中了各类打捞震击工具的优点。它结构紧凑，性能稳定便于调节，使用方便。它是石油钻井、地质勘探工程中新型的向上震击工具。

2. 结构

图 4 - 12 简示了超级震击器的结构。

3. 工作原理

超级震击器是应用液压工作原理，通过锥体活塞在液缸内的运动和钻具被提拉贮能来实现上击动作。安装在超级震击器上方的钻具被提拉时，超级震击器的压力体内由于锥体活塞与密封体之间的阻尼作用，为钻具贮能提供了时间。当锥体活塞运动到释放腔时，随着高压液压油瞬时卸荷，钻具将突然收缩，产生向上的动载荷。产品结构中设计了可靠的撞击工作面，以保证为被卡的落鱼钻具提供巨大的打击力。为了震击能往复进行，设计了理想的回位机构。为了在井下能旋转和循环泥浆，超级震击器利用花键传递扭矩，同时尽可能使水眼加大，以满足除循环泥浆外的测试及其他功能。

4. 使用与操作

（1）用途

①当用于打捞作业时，超级震击器应直接地安装在接近卡点的钻铤柱的下方。为了获得更大的动载荷，在超级震击器下井作业时，可与加速器配套使用。

注意：加速器安装在超级震击器上方第四根钻铤的范围之内。

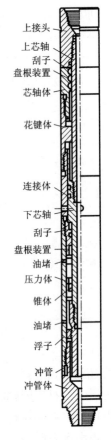

图 4 - 12 超级震击器

②取芯作业：超级震击器通常应安装在取心工具取心筒的上方。这时只要给钻柱一个中等的拉力就完全能够提供一次通常足够切断岩心的冲击，若在钻柱中没有超级震击器震断岩心，就需要给钻柱一个相当大的拉力拉断岩心，这样对取心作业不利。

（2）操作

①下井前的准备：

a)应先检查液压油是否注满，并在高峰厂生产的试验架上进行地面台架拉压试验，以确认其性能可靠。

b)检查外筒各体联结螺纹，应按表4-16规定的紧扣扭矩进行紧扣，不得小于钻柱接头紧扣扭矩值。

c)在安装有超级震击器的钻具组合中，超级震击器的上方应装有100 m左右的钻铤，尤其在浅井中作业更为重要。

②使用方法：

a)当确认井下卡钻事故的性质，需要向上震击时，才能使用震击器。这时应从卡点倒开并提起钻具，然后按上述的钻具组合，连接好打捞钻具，进行打捞作业。当打捞工具抓紧落鱼后，就可以进行震击作业。

b)下放钻柱使压在超级震击器芯轴上的力约3~4 t，使超级震击器关闭。

c)提钻震击，操作者以一定的速度和拉力上提钻具，使钻具产生足够的弹性伸长，然后刹住刹把，等待震击。由于井下情况各异，产生震击的时间也从几秒到几分钟不等。

产生震击后，若需进行第二次震击，应下放钻具关闭震击器，再向上提拉进行第二次震击，如未解决问题，可以进行反复多次的震击。

③注意事项：

a)井下震击应从较低吨位开始，逐渐加大，直到解卡。但不允许大于表4-18规定的"最大震击提拉载荷"。

b)若第二次震击不成，应继续下放钻柱，使超级震击器完全关闭，再进行上提，等待震击。

c)提高震击力的方法：震击力不仅仅与上提拉力有关，而且与上提钻具的速度，井下钻具的重量，井身质量等因素有关，因此上提速度越快，上提拉力越大，井下钻具重量足够，井身质量越好，所产生的震击力也就越大。

d)超级震击器提出井眼时通常是处于打开位置，完成钻台维修之后，应当关闭震击器。一旦关闭就应当从吊卡上取下，决不能再在它下方悬挂重物，因此时超级震击器可以被拉开而酿成损坏钻台设备，甚至砸伤工作人员事故。

5. 拆卸与装配

超级震击器使用后，应及时进行维修，维修的主要内容就是钻井台上清洗，维修站拆卸检查和更换零件，重新装配，并进行地面试验，特别应强调每次使用之后在井台上务必冲洗干净，尤其是冲管下端与冲管体之间的空腔和连接体平衡孔等部位。

(1)拆卸

①将在钻井台上冲洗干净的超级震击器，首先在试验架上将震击器完全拉

开，使得锥体活塞处于压力体的释放腔内。然后将超级震击器置于拆装工作台上进行卸扣。

②用吊车将震击器吊夹于虎钳上，夹持部位应在压力体中部油堵下方，用大钳卸下冲管体。

③卸开下油堵，在油堵处用盛油桶接住液压油，将虎钳夹住连接体，用大钳卸下压力体，从压力体内腔取出浮子。如果浮子留在冲管上，也同样将它卸下。

④用管钳卡紧冲管上端的六方部位，卸下冲管。再小心地移出密封体，锥体活塞和旁通体。

⑤虎钳卡紧在花键体中部，用大钳卸掉连接体。

⑥继续卡紧花键体，卸下上接头。

⑦夹持不变，卸开花键体与芯轴体间螺纹连接（注意：此处是反扣），然后从花键体上端卸下芯轴体。

⑧卸下下芯轴，然后从花键体上端卸下上芯轴，随后将花键体从虎钳上移下。

⑨取下所有零件上的密封件。

（2）装配

①所有丝扣均要涂产品丝扣油，花键涂润滑脂。建议每拆装一次应全部更换密封件。

②与拆卸相反，先将所有的密封件分别装在各零件上。

③将上芯轴夹在虎钳上，夹持部位为花键上方的圆台，从芯轴上端装入芯轴体，然后再装上上接头。

④夹住上接头，从上芯轴下端装入花键体，然后再装上下芯轴。

⑤夹持在花键体中部，将上下芯轴按表4-16规定的紧扣扭矩紧扣，夹持位置为下芯轴上端六方处。

⑥在下芯轴上装上旁通体、锥体、密封体，然后装上冲管，按表4-16规定的紧扣扭矩紧扣。

⑦再装上压力体。

⑧安装浮子和冲管体。

⑨配戴好相应的护丝。

6.注油

超级震击器使用L-HM32抗磨液压油，注油时应使震击器处于拉开状态。

卸掉两个油堵，并使油堵孔朝上注油，加完油应上紧油堵并使震击器关闭。

表 4 - 16   超级震击器紧扣扭矩

型号	外筒连接螺纹及上接头与芯轴紧扣扭矩 /kN·m	冲管与下芯轴、上芯轴与下芯轴紧扣扭矩 /kN·m
CSJ108	6.8	1.5
CSJ114	7.8	2.0
csj46 Ⅱ	9.8	2.0
CSJ140	11.9	2.3
CSJ62 Ⅱ	24.5	2.5
CSJ168	24.5	2.5
CSJ70 Ⅱ	34.3	2.9
CSJ76 Ⅱ	49.0	3.9
CSJ80 Ⅱ	49.0	3.9

7. 地面试验

(1)水眼密封性试验

将工具两端戴上密封试验接头,给水眼内打压。经 15 MPa 压力水压(或油压),保压 5 min,工具应不渗不漏,试验管路及元件压降也不得超过 0.5 MPa。

(2)拉力试验

在试验架上进行,这是震击器是否可以下井的必不可少的一环。

当接好拉力试验接头后,将震击器置于试验架上,开始以表 4 - 17 中低拉力负荷拉开,此过程应该均匀、平稳、缓慢、无急跳和爬行现象。并反复进行三次。

接着调定试验架活塞杆空载运动速度,为 400 ~ 650 mm/min,进行试拉 3 ~ 5 次,其震击释放力符合下表规定的标定释放力要求为合格。若不合格,应将产品拆卸检查,排除故障后再重新试验。

表 4 - 17   低拉力与标定释放力表

型号	低拉力/kN	标定释放力/kN
CSJ108	37.5	90 ~ 140
CSJ114	55	120 ~ 170
CSJ46 Ⅱ	55	150 ~ 250
CSJ140	58.8	200 ~ 350
CSJ62 Ⅱ	58.8	300 ~ 450

续表 4 – 17

型号	低拉力/kN	标定释放力/kN
CSJ168	58.8	300 ~ 450
CSJ70 Ⅱ	68.6	450 ~ 550
CSJ76 Ⅱ	68.6	500 ~ 600
CSJ80 Ⅱ	68.6	500 ~ 600

8. 技术参数

技术参数见表 4 – 18。

表 4 – 18 贵州高峰 CSJ 型超级震击器技术参数

型号	外径/mm	内径/mm	最大行程/mm	密封压力/MPa	最大工作扭矩/kN·m	最大震击提拉载荷/kN	最大抗拉载荷/kN	闭合总长/mm
CSJ108	108	32	305	20	6	250	700	3882
CSJ114	114	38	305	20	9.8	300	800	3882
CSJ46	121	50	305	20	9.8	350	900	3882
CSJ140	140	50	305	20	11.9	400	1000	3900
CSJ62	159	57	320	20	12.7	700	1500	3977
CSJ168	168	57	320	20	14.7	700	1600	3977
CSJ70	178	60	320	20	14.7	800	1800	4045
CSJ76	197	78	330	20	19.6	1000	2100	4328
CSJ80	203	78	330	20	19.6	1200	2200	4328

4.13 YJQ 型液压加速器

1. 概述

YJQ 型液压加速器是为液压上击器增加震击功能而设计的井下打捞震击工具，因此它必须和 CSJ 型超级震击器或 YSJ 型液压上击器联合使用。工作时能对接在其下方的钻铤和上击器上部起加速作用，以获得对卡点更强大的震击力，同时可以减少震击之后钻柱回弹时的震动。

YJQ 型加速器可以减弱对地面设备的冲击作用，因此在部位较浅的井下，震击作用对井架和提升系统的影响很严重的情况下，使用加速器特别有利。在弯曲的井眼中井壁的摩擦力会大大减弱上击器的震击作用，使用加速器则可以加强震击作用。

YJQ 型加速器是与上击器配套使用的井下震击工具，其结构设计本身无震击功能。

2. 结构

YJQ 型液压加速器基本结构如图 4 - 13 所示。芯轴与缸套之间充满了具有高压缩指数的二甲基硅油。芯轴有花键与上缸套下端的花键相嵌合，这样不论是在打开，还是撞击位置都可以传递扭矩。密封总成包括盘根和盘根压圈。它安装于震击垫与导向杆之间，形成一个滑动密封副，工作时能使缸内产生高压。

3. 原理

钻具上提时钻具伸长，加速器的密封总成向上移动，硅油被压缩，像弹簧被压缩一样，硅油中贮存了能量[图 4 - 14(a)]，继续上提钻具，上击器活塞运动到卸油槽时，尤如一根上下两端拉紧的橡皮筋，下端突然释放，橡皮筋会迅速地弹上去一样，伸长的钻具回复弹性变形，使加速器下部以及接在其下方的钻铤和上击器上部就一起向上运动，与此同时加速器内腔的硅油贮存的能量也被突然释放，给运动着的钻铤和上击器的上部一个极大的加速度[图 4 - 14(b)]。当上击器到达冲程终点时，一个向上的巨大撞击力直接打击在落鱼上，此时加速器处于关闭状态[图 4 - 14(c)]。一次震击就告结束。

4. 操作

操作方法同液压上击器、超级震击器和机械上击器。

5. 拆卸与装配

(1)准备

所需准备工作同液压上击器。

(2)拆卸

①清洗内外表面泥砂。

②在拆装架上松扣。

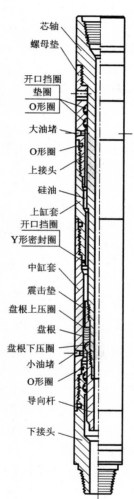

芯轴
螺母垫
开口挡圈
垫圈
O形圈
大油堵
O形圈
上接头
硅油
上缸套
开口挡圈
Y形密封圈
中缸套
震击垫
盘根上压圈
盘根
盘根下压圈
小油堵
O形圈
导向杆
下接头

图 4 - 13　液压加速器

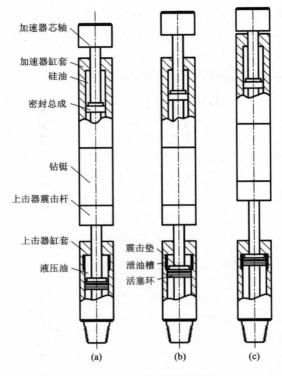

加速器芯轴

加速器缸套
硅油

密封总成

钻铤

上击器震击杆

上击器缸套
液压油

震击垫
泄油槽
活塞环

(a)　　　　(b)　　　　(c)

图4-14　工作原理示意图

③在装配工作台上卸下下接头，用干净容器回收硅油。

④用管钳拧松导向杆。

⑤卸中缸套，注意接好硅油。

⑥卸下导向杆，取下盘根和震击垫。

⑦卸下上接头，注意接好硅油。

⑧取下所有的密封件、O形圈、垫圈、开口垫圈。

⑨卸下油堵。

（3）装配

①检查：

a）检查零件的外观是否有损坏、毛刺，尤其是螺纹和密封配合面。有损伤时应当修理。

b）检查芯轴是否弯曲变形，若有时则应进行较正。

c）检查并更换密封件。

②清洗所有零件（用煤油），并用不掉纤维布擦干。

③小装：装上O形圈、垫圈和开口垫圈。

④ 其余各零件按与拆卸时相反的顺序逐件装上。

⑤装配后在拆装架上紧扣,紧扣扭矩按表 4 - 19 中的数值。

表 4 - 19　YJQ 型液压加速器紧扣扭矩

型号	外筒连接螺纹紧扣扭矩 /kN · m	震击杆与导向杆紧扣扭矩 /kN · m
GJ73	1.96	0.98
GJ80	2.45	1.27
GJ89	2.94	1.27
YJQ108	6.86	1.96
YJQ44	9.8	1.96
YJQ46 II	9.8	1.96
YJQ62	24.5	2.5
YJQ168	24.5	2.5
YJQ70 II	29.4	2.94
YJQ76	34.3	4.9
YJQ80	34.3	4.9
YJQ90	39.2	4.9

(4)注油

①油品名称: 201 - 100 甲基硅油。

②用 100 目铜网过滤硅油,并除去杂质。

③按图 4 - 15 所示方法注油:

a)将加速器完全关闭后,呈水平放置,并使有上、下油堵孔的一侧朝上。

b)将加油装置的进油管接在下油堵孔上,向加速器注油,使加速器被顶开(小规格需拉开)75 ~ 100 mm。

c)卸下进油管,装上回油管,再把进油管接到朝上的上油堵孔上;向加速器加油,在油压的推动下,使加速器关闭(小规格型号应推关闭)。

d)卸下回油管,装上并拧紧下油堵,再把回油管装在另一个上油堵上,吊起上油堵一头,使加速器与地面成30°角。继续注油,油从回油管排出,直到回油管看不到气泡为止。

e)先使回油管朝上,卸下回油管,装上油堵。再将进油管朝上卸下进油管,装上油堵。

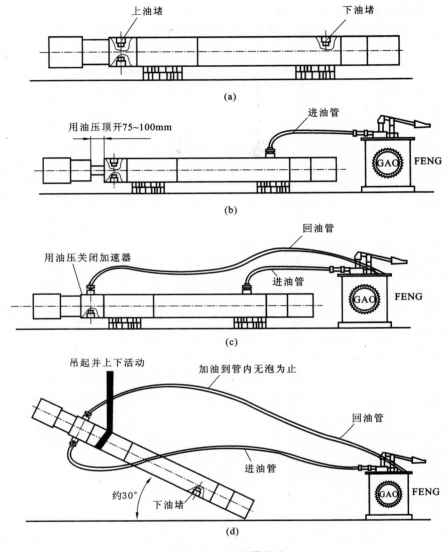

图 4 – 15　加速器注油

（5）试验

①将加速器置于试验架上。

②凋节泵排量 5～6 L/min（二格）。

③给加速器加拉力，大小应符合表 4 – 20 规定的拉开全行程力。

④拉开全行程后，解除拉力，加速器自行关闭，允许有小于 40 mm 不到位。

若大于 40 mm 则说明加速器中有残余空气形成有害气垫，必须再次注油。

⑤再次加油，可先将上缸套与中缸套处松扣，后按加油步骤加满油，然后再按表 4 - 19 规定的紧扣扭矩拧紧上缸套与中缸套。

注意：加速器试验时，内压很高，操作人员不要站近试验架，并且应有防护措施。

6. 技术参数

技术参数见表 4 - 20。

表 4 - 20　贵州高峰 YJQ 型液压加速器技术参数

型号	外径 /mm	内径 /mm	接头螺纹 API	总长 /mm	最大抗拉载荷 /kN	最大工作扭矩 /kN·m	拉开全行程力 /kN	最大行程 /mm
GJ73	73	20	2 3/8TBG	2620	250	3	80 ~ 100	218
GJ80	80	25.4	2 3/8 REG	2845	300	3	90 ~ 120	218
GJ89	89	28	NC26	2760	400	3.5	110 ~ 150	218
YJQ36	95	32	NC26	2845	500	4	150 ~ 200	330
YJQ40	102	32	NC31	3878	600	5	200 ~ 250	330
YJQ108	108	32	NC31	3878	700	6	200 ~ 250	330
YJQ44	114	38	NC31	3422	800	7	250 ~ 300	216
YJQ46	121	38	NC38	3254	900	8	300 ~ 350	234
YJQ62	159	57	NC50	4375	1500	13	600 ~ 700	338
YJQ168	168	57	NC50	4375	1600	14	600 ~ 700	338

第 5 章 其他事故处理工具

5.1 安全接头

5.1.1 投球式安全接头

1. 用途

水压安全接头主要用于普通岩心钻探,在孔内不太安全的情况下,将其连接在易发生事故的孔段,也可以在处理卡、埋钻事故时使用。如图 5 - 1 所示。

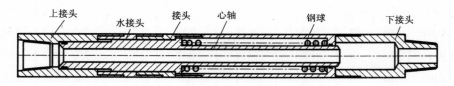

图 5 - 1 投球式安全接头

2. 工作原理与说明

当发生埋钻、卡钻强力起拔不能解除时,从孔口钻杆内投入钢球封住芯轴上端水路,开泵使芯轴花键下移至接头部位,然后回转钻杆,使上接头与水接头反螺纹处脱开。提出上部钻杆,再处理下部钻杆。上接头可与 $\phi50$、$\phi54$、$\phi60$ 钻杆相连,下接头也可与公锥连接进行事故处理。

5.1.2 J、H 型安全接头

1. 概述

H 型和 J 型安全接头(以下简称安全接头)是一种打捞、套铣和测试等井下作业的安全装置。可以连接在井下钻柱所需的部位,能经受住作业中的各种拉压负荷和传递扭矩。在井下作业中,一旦需要,该安全接头容易退开,以便取出其上部管柱。再次下钻时,也很容易对上安全接头,继续进行作业。

2. 结构与工作原理

见图 5 - 2、图 5 - 3，安全接头由公、母接头组成，两接头用销子连成整体下井，公、母接头间用 O 形橡胶 圈密封，保证作业中循环泥浆。公接头上端与母接头下端设计有接头螺纹。

公接头设计有横、竖有序的凸块和滑槽，母接头内孔中有滑块。装配后母接头的滑块在公接头的滑槽里。作业中，上提剪断销子后公接头的滑槽沿母接头的滑块上、下、左、右运动完成该安全接头的退扣动作。

3. 安装位置

在打捞、套铣和测试作业中，在需要安全脱开管柱的任何连接部位，都可装接上安全接头。

（1）用于打捞作业

一般连接在打捞工具之上，并在任何其他工具(如震击器、缓冲器等附属工具)之下。

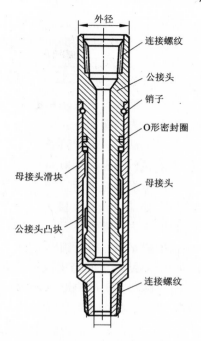

图 5 - 2　H 型安全接头

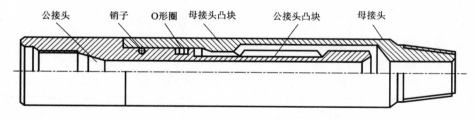

图 5 - 2　J 型安全接头

（2）用于套铣作业

连接在防掉套铣矛的下端与落鱼连接，使套铣钻具可以与落鱼脱开，满足作业的需要。

（3）用于测试作业

一般连接在封隔器和地层测试器之上，但在其他工具(如震击器、缓冲器等附属工具)之下。

4. 使用与操作

（1）下井前的准备

安全接头下井前存放时间超过 18 个月的必须重新更换新 O 形密封圈和重新涂抹润滑脂(禁用铅基和锌基润滑脂)。装配后根据井深和钻具按表 5 - 1 选定销子销好,销子两端不得外露。

(2)退安全接头

退安全接头有下放法和上提法两种方法。

①下放法步骤如下:

a)上提钻具,剪断销子。

b)反转(1~3 r/1000 m)憋住。

c)慢慢下放至遇阻。

d)上提即退开安全接头。

②上提法步骤如下:

a)上提钻具,剪断销子。

b)下放钻具至原悬重位置,使安全接头复位。

c)反转(1~3 r/1000 m)憋住。

4)慢慢上提即退开安全接头。

注意:上提法是反转憋住上提。对于一般井口容易提飞,补心很危险。故此法只适用于井口滚子方补心的情况。一般的井口采用下放法比较安全。

(3)对安全接头

对安全接头的方法比较简单,即下放钻具至安全接头对扣位置,待公接头进入母接头遇阻后正转(1 - 3 r/1000 m),再下放便对好安全接头。

5.安全接头技术参数

技术参数见表 5 -1。

表 5 -1 H 型和 J 型安全接头技术参数

型号	外径 /mm	内径 /mm	接头螺纹 API	最大工作扭矩 /kN·m	最大工作拉力 /MN	剪销剪断力/kN		
						铝销	铜销	钢销
HAJ 121	121	54	Nc38	12	10	56	85	113
HAJ159	159	57	NC50	16	1.5	88	132	176
JAJ159	159	50	NC50	16	1.5			
HAJ165	165	57	NC50	18	1.5			
HAJ178	178	80	5 1/2FH	22	2.0	127	137	225
HAJ203	203	71	6 5/8 REG	22	2.5			
JAJ203	203	71	6 5/8 REG	22	2.5			

5.1.3 锯齿形安全接头

1. 用途

锯齿形安全接头是连接在钻杆上的一种安全倒扣工具。正常钻进时可传递扭矩,当孔内发生卡钻需要倒扣时,可以很容易地从它本体连接螺纹处倒开,起出公接头以上钻杆。安全接头采用特殊宽锯形螺纹连接,设计有巧妙的拉紧结构,连接时只需施加一定的扭矩即构成一刚体,地面上不给予连接扭矩 40% 以上且方向相反的扭矩,它在井下工作时是不会自动脱扣的。

2. 结构及原理

安全接头的结构如图 5 - 4,由公接头、母接头、上 O 形圈和下 O 形圈等零件组成。若地面上不施加和工作方向相反的机械力,安全接头在井下工作中是不会自动脱扣的。公接头上部和母接头下部为钻杆或油管接头螺纹,与管柱直接连接,内外径和相连接的管柱相等,能承受大载荷如拉力、扭力、冲击力和较高的泥浆循环泵压力,倒扣扭矩按照上扣扭矩的 40% ~ 60% 操作;在井下倒扣或重新对扣的速度要比钻杆或油管接头快,螺纹的找中性要好。

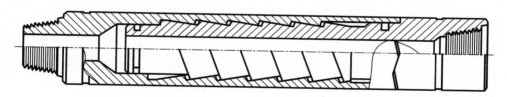

图 5 - 4　锯齿形安全接头

3. 使用

安全接头锯齿形螺纹一般设计五扣即可承受井内各种作业的复合应力。在深井和弯曲的井眼中倒扣时,只需要 2 ~ 3 圈,而在直井和浅井中倒 2 圈即可,上倒扣的速度较接头螺纹要快 4 ~ 8 倍,使用中须注意以下几个问题:

①安全接头在钻柱上的连接位置应在中和点或零应力点以上,不应处于弯曲、拉力和压力频繁变化的部位。

②安全接头和钻柱连接下井使用时,两端接头螺纹紧扣扭矩应和钻柱的紧扣扭矩一致。

③安全接头倒扣时,应施加 10 ~ 20 kN 的压力,决不能在受拉力的状态下倒扣,这样会损坏螺纹,也不易倒扣。

④安全接头随钻工作 7 d 或 150 h,应起出检查上下 O 形圈的完好情况,若发现裂纹、挤坏和老化等状态必须更换新件。

4. 地面试验的要求

（1）密封性试验

打压 16 MPa 稳压 5 min，压降不超过 0.5 MPa。

（2）扭矩试验

公、母接头的上扣扭矩按照表 5 - 2 规定的上扣扭矩值，倒扣扭矩应在上扣扭矩的 40% ~ 60% 范围内。

5. 拆装步骤及注意要点

（1）组装

①清洗净零件，检查螺纹和各台肩是否完好，O 形密封圈若有损伤、裂纹，应更换新件。

②将上、下 O 形密封圈分别装在公接头的密封槽内，此时 O 形密封圈应稍有延伸并紧套在槽内。

③在公母接头的宽锯齿形螺纹面上涂足润滑油脂，不得使用铅基或锌基润滑油脂，建议使用钙基、铝基或铜基润滑脂。

④将公母接头上扣到位并戴上护丝。

（2）拆卸

①把接头的一端夹在虎钳上，用钳子夹住另一端倒扣，若倒扣困难时，允许垫上木块用榔头敲击连接螺纹部位。

②从公接头上取下 O 形密封圈，禁止用锋利工具去钩、挑密封圈。

6. 安全接头技术参数

技术参数见表 5 - 2。

表 5 - 2　安全接头技术参数

型号	外径 /mm	内径 /mm	屈服拉力 /kN	屈服扭矩 /kN·m	最大工作拉力 /kN	上扣扭矩 /kN·m
AJ/S - J73	105	58	2015	19.1	1340	5.20
AJ/S - J73	105	47	2038	17.34	1365	5.20
AJ/S - J89	115	72	905	10.25	600	7.84
AJ/S - J10	127	88	1021	12.36	658	7.84
AJ36	95	32	2060	15.25	1370	9.8
AJ41	105	54	2015	19.1	1340	14.7

5.2　键槽扩大器

5.2.1　滑套式键槽扩大器

1. 概述

键槽扩大器是为了破坏井身而设计的井下专用工具。该工具连接于钻铤上方，能有效的扩大键槽部位的尺寸，是钻井过程中常用的工具。

2. 结构

结构见图 5 - 5，键槽扩大器由上接头、滑套、芯轴、下接头四部分组成。滑套可以在芯轴上作上下移动和转动，其外表面堆焊五条螺旋硬质合金棱。滑套两端有锯形牙嵌，可分别与上接头牙嵌和下接头牙嵌相匹配。

3. 工作原理

正常钻进时，由于滑套自重，使下接头与滑套原牙嵌相啮合，该工具随钻柱一起旋转。到达键槽位置，滑套受阻与上接头牙嵌啮合，加压正转即可以产生向下的震击作用，迫使滑套卡入键槽。这时改用一定的提拉力正转，使下接头与滑套牙嵌啮合，滑套外加的五条螺旋硬质合金棱切削键槽，从而破坏键槽。

4. 操作

（1）钻具组合

钻头 + 钻铤（长度同正常钻进）+ 键槽扩大器 + 钻杆

（2）下井前的检查

接头螺纹应完好；硬质合金棱无损且尺寸符合要求，上下牙嵌无损坏，芯轴加油润滑。

（3）操作

将键槽扩大器下过键槽，调整好循环钻井液，用较低的速度上提钻柱，并随时注意遇阻情况。若发现遇阻，不要提死就立即下放钻具，并采取下述方法破坏键槽。

①分清是钻具遇卡还是扩大器遇卡。键槽扩大器遇卡与钻具遇卡的区别是：扩大器遇卡时钻具能自由转动，且有上下为 L 的移动行程，而钻具遇卡时不能转

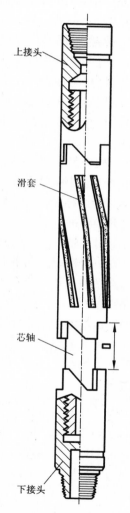

图 5 - 5　滑套式键槽扩孔器

上接头

滑套

芯轴

下接头

动,没有移动行程。

②如果键槽扩大器遇卡(一般是扩大器滑套被卡),就下放钻具,加压30~50 kN转动钻具,使上接头与滑套牙嵌啮合后产生震击使滑套解卡。

③接方钻杆开泵,比原悬垂多提10~20 kN,正转使下接头和滑套牙嵌相啮合。采用倒划眼方法使滑套外圆的五条螺旋硬质合金棱切削键槽,从而破坏键槽。

④检查键槽是否完全被破坏,可将钻具下过原键槽井段,然后起钻观察是否遇卡。也可以将钻具下到井底,钻进8~10 h后再起钻,观察是否遇卡。

5.维护与保养

①用清水洗净键槽扩大器内外表面的泥污。

②检查牙嵌是否有扭曲变形、裂痕等现象,如果有应修理排除,严重的必须更换。

③检查滑套上堆焊的五条螺旋硬质合金棱是否有崩齿,掉漆等现象并测量螺旋硬质合金棱外径尺寸,如外径磨损超过2 mm,必须补焊修复。

④检查两端接头丝扣有无刻痕、毛刺、刺伤等现象,如果有就予清除,清除后公母扣要进行磨合。

⑤对芯轴和上下接头进行无损探伤检查,有裂纹者不允许再使用。

⑥一般情况下芯轴与上接头和下接头螺纹不允许拆卸。特殊情况下,螺纹需要拆卸必须加热。重新组装时,联结螺纹必须涂我厂制的黏结剂并按油管螺纹标准紧扣。

⑦两端螺纹涂903(FZ-4)防蚀脂,配戴相应护丝。

6.技术参数

技术参数见表5-3。

表5-3 键槽扩大器技术参数

型号	外径 /mm	水眼 /mm	芯轴两端螺纹 API	滑套行程 /mm	最高工作温度 /℃	总长 /mm
JKQ 121	121	40	3 1/2 TBG	315	200	1602
JKQ 159	159	57	4TBG	251	200	1650
JKQ 178	178	57	4TBG	251	200	1740
JKQ 203	203	70	4 1/2TBG	251	200	1739

5.2.2 螺旋式键槽扩大器

螺旋式键槽扩大器类似于螺旋扩孔器或螺旋扶正器,只是在翼片上下两个肩面上镶焊硬质合金,使其具有更强的破坏地层的能力而达到破坏键槽的目的。结构如图 5 – 6 所示。

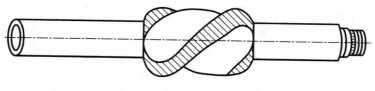

图 5 – 6　螺旋式键槽扩大器

5.3　偏心偏水眼钻头

偏心偏水眼钻头由宽翼板、窄翼板、偏水眼、接头组成。主要用于将落入钻孔内但又没有落在井底,而是卡在钻孔中途的大肚子孔段的小件工具,利用水力的推动作用将其挤入孔壁,扩大清扫半径,或者把落物拨出,让它掉入孔底。

偏心偏水眼钻头要与弯钻杆相连,而且钻杆的弯曲方向一定要和钻头的偏水眼方向相反,使尖钻能接触到落物。结构如图 5 – 7 所示。

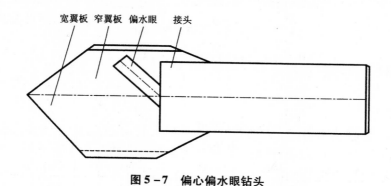

宽翼板　窄翼板　偏水眼　接头

图 5 – 7　偏心偏水眼钻头

5.4　裸眼测斜接头

钻孔的方位角必须在裸眼进行测量,为了保证测斜仪的安全,可以在绳索取心钻杆内进行,该测斜接头可与绳索取心内岩心管连接,然后再与测斜仪连接,用绳索打捞器送入孔内,让测斜仪通过钻头内台阶进入裸眼孔段进行测量。该接头可自行加工生产。结构如图 5 – 8 所示。

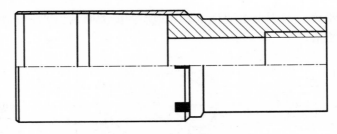

图 5-8　裸眼测斜接头

5.5　孔底泥球倒实工具

该工具主要用于套管底部漏失投泥球封堵时，不用下入专用捣实工具，用卡簧座连接一个可通过钻头内经的实心棒，上下提动钻具捣实套管底部泥球并将泥球挤入套管与孔壁环隙，然后打捞内管总成换成卡簧座。这种方法简单实用，又减少了一次提下钻专门捣实的机会。该工具可以自行加工生产。结构如图 5-9 所示。

图 5-9　泥球倒实工具

5.6　稠水泥灌注器

1.用途

稠水泥灌注器主要用于孔底严重漏失，用水泥浆堵漏时，为不使水泥浆被稀释，而将该工具下入孔底，在钻杆内灌满水泥浆，上部压一木塞，然后用水泵压送，使水泥浆进入漏失地段，起到堵漏效果。该工具可自行加工生产。结构如图 5-10 所示。

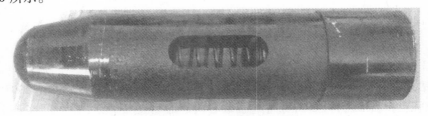

图 5-10　稠水泥灌注器

2. 规格型号

规格型号见表 5 - 4。

表 5 - 4

序号	规格型号	外径/mm	连接螺纹	生产商
1	SN96	89	岩心管螺纹	勘探技术研究所
2	SN76	73	岩心管螺纹	勘探技术研究所

5.7　ϕ54 外平反丝钻杆

ϕ54 外平反丝钻杆主要用于各种口径的烧钻、卡钻、埋钻事故后孔内钻杆不能提出时,与反丝公锥相连将孔内正丝钻杆反出来,也可与倒扣式捞矛、震击器等事故工具连接。如图 5 - 11 所示。

图 5 - 11　外平反丝钻杆

5.8　反管器

1. 用途

反管器主要用于处理孔内无法提出的钻杆或套管时用,上与正丝钻杆连接,下与反丝公锥相连,下压钻杆公锥反转吃扣,然后提动钻杆再下压,多次重复以上动作,可使反丝公锥切入钻杆内孔并提出被反开的钻杆。该工具可代替现用的反丝钻杆,每个机台都可备用。结构如图 5 - 12 所示。

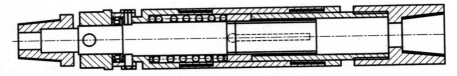

图 5 - 12　反管器

2. 规格型号

规格型号见表 5 - 5。

表 5 - 5　反管器规格型号

序号	规格型号	外径/mm	连接螺纹	生产商
1	FGQ89	92	φ50 钻杆母螺纹	勘探技术研究所
2	FGQ71	73	φ50 钻杆母螺纹	勘探技术研究所

5.9　铅模

1. 用途

(1) 了解落鱼的准确深度。

(2) 了解落鱼鱼顶形状。

2. 结构

结构见图 5 - 13，铅模主要由接头体和铅模组成，有平底铅模［图 5 - 13 (a)］，用于探平面形状；锥形铅模［图 5 - 13(b)］，用于探测径向变形。铅模中心有循环孔，可以循环钻井液。接头体在浇铸铅模的部位有环形槽，以便固定铅模。接头体上部有管柱螺纹。

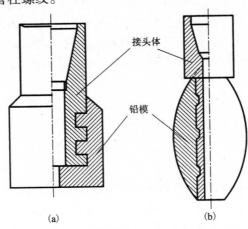

接头体

铅模

(a)　　　　(b)

图 5 - 13　铅模

3. 使用注意事项

（1）根据套管内径和井眼尺寸选择相应规格的铅模。一般情况，铅模直径应小于井眼直径 10%。

（2）下井前，应将模底整理平整，残余印迹应作好记录。

（3）井眼必须畅通无阻，严格控制下放速度，遇阻不得硬压。

（4）打印位置必须准确。打印前必须循环钻井液，待鱼顶冲洗干净后再打印。

（5）打印压力应根据鱼顶情况确定。如果鱼顶断面为尖茬，打印压力应小一些（5 ~ 15 kN）。加压过大容易将铅模撮掉一部分。如果估计鱼顶较为平整，可以适当增加打印压力。

（6）只允许打印一次。某些特殊情况下，也可以转动 180°再打印一次，但第二次打印压力应比第一次的压力小 1/2 左右。

（7）井口卸铅模时，注意保护好印迹，防止地面印迹与打印痕迹相混淆。

4. 铅模技术参数

技术参数见表 5 - 6。

表 5 - 6 铅模技术参数

型号	外径/mm	水眼/mm	连接螺纹	供应商
QM75	75	20	φ50 钻杆螺纹	勘探技术研究所
QM95	95	35	φ50 钻杆螺纹	勘探技术研究所
QM120	120	50	φ50 钻杆螺纹	勘探技术研究所

5.10 水压套管扩孔器

1. 用途

水压扩孔器主要用于处理套管底部地层不稳定，漏水、套管容易下跑时的情况，不需将套管拔出扩孔，用水压扩孔器可将套管底部扩大，然后从孔口接上套管下入到扩大的孔端。结构如图 5 - 14 所示。

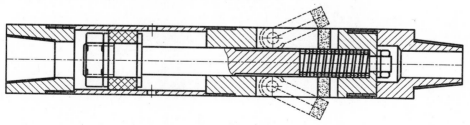

图 5 - 14 水压扩孔器

2. 工作原理

扩孔前由于弹簧作用，刀头外径与扩孔器外径相同，下入要扩的孔段后开泵，随着活塞的下移，活塞杆上的齿条推动刀头齿轮并使刀头张开进行扩孔。扩完孔后停泵，在弹簧作用下，刀头又恢复到原位并提出到地表。

3. 水压扩孔器参数

参数见表 5 - 7。

表 5 - 7　水压扩孔器参数

序号	规格型号	外径/mm	扩孔直径/mm
1	TKQ108	92	96 ~ 110
2	TKQ91	73	77 ~ 96
3	TKQ73	55	60 ~ 76

5.11　吊锤

吊锤是处理烧钻、卡钻、埋钻常用的地表震击工具。吊锤一般用于立轴岩心钻机。全液压岩心钻机由于空间限制，使用不太方便。该吊锤由山东济南探矿机械厂生产。如图 5 - 15 所示。

图 5 - 15　吊锤

5.12　液压千斤顶

1. 用途

千斤顶是用来处理严重卡钻、烧钻、埋钻事故的起拔工具，目前常用的主要为油压千斤顶，由张家口探矿机械有限公司制造。

2. 规格

卡瓦规格为 $\phi50$、$\phi63.5$、$\phi68$、$\phi89$、$\phi108$、$\phi127$、$\phi146$、$\phi168$。起重量为 50 t。

3. 千斤顶参数

参数见表 5 – 8。

表 5 – 8

序号	油压表指示压力/(kgf·cm^{-2})*	起重量/kg	生厂商
1	100	12000	张家口探矿机械有限公司
2	200	25000	张家口探矿机械有限公司
3	250	31250	张家口探矿机械有限公司
4	300	37500	张家口探矿机械有限公司
5	350	43750	张家口探矿机械有限公司
6	400	50000	张家口探矿机械有限公司

* kgf 为应淘汰的计量单位，1 kgf = 9.80665 N。

附录一　地质、矿山、切割用硬质合金

（1）硬质合金代号和化学成分

附表1-1　地矿、矿山工具用硬质合金代号和化学成分（%）（GB/T 18376.2—2001）

代号	Co	WC	其他	代号	Co	WC	其他
G05	3～6	余	微量	G30	8～12	余	微量
G10	5～9	余	微量	G40	10～15	余	微量
G20	6～11	余	微量	G50	12～17	余	微量

附表1-2　切削工具用硬质合金代号和化学成分（%）（GB/T 18376.1—2001）

代号	WC	TiC(TaC,NbC等)	Co(Ni-Mo等)	代号	WC	TiC(TaC,NbC等)	Co(Ni-Mo等)
P01	61-81	15-35	4-6	M30	79-85	4-12	6-10
P10	59-80	15-35	5-9	M40	80-92	1-3	8-15
P20	64-84	10-25	6-10	K01	≥93	≤4	3-6
P30	70-84	8-20	7-11	K10	≥88	≤4	5-10
P40	72-85	5-15	8-13	K20	≥87	≤3	5-11
M10	75-87	4-14	5-7	K30	≥85	≤3	6-12
M20	77-85	6-10	5-7	K40	≥82	≤3	12-15

附表1-3　耐磨零件用硬质合金代号和化学成分（%）（GB/T 18376.3—2001）

代号	Co(Ni,Mo)	WC	其他	代号	Co(Ni,Mo)	WC	其他
LS10	3-6	余	微量	LQ10	5-7	余	微量
LS20	5-9	余	微量	LQ20	6-9	余	微量
LS30	7-12	余	微量	LQ30	8-15	余	微量
LS40	11-17	余	微量	LV10	14-18	余	微量
LT10	13-18	余	微量	LV20	17-22	余	微量
LT20	17-25	余	微量	LV30	20-26	余	微量
LT30	23-30	余	微量	LV40	25-30	余	微量

（2）硬质合金的力学性能

附表 1-4　地质、矿山工具用硬质合金的力学性能（GB/T 18376.2—2001）

代号	洛氏硬度（HRA），≥	维氏硬度（HV），≥	抗弯强度/MPa，≥	代号	洛氏硬度（HRA），≥	维氏硬度（HV），≥	抗弯强度/MPa，≥
G05	88.0	1200	1600	G30	86.0	1050	1900
G10	87.0	1100	1700	G40	85.0	1000	2000
G20	86.5	1050	1800	G50	85.0	950	2100

附表 1-5　切削工具用硬质合金的力学性能（GB/T 18376.1—2001）

代号	洛氏硬度（HRA），≥	维氏硬度（HV），≥	抗弯强度/MPa，≥	代号	洛氏硬度（HRA），≥	维氏硬度（HV），≥	抗弯强度/MPa，≥
P01	92.0	1860	700	M30	89.5	1480	1500
P10	90.5	1630	1200	M40	89.0	1400	1650
P20	90.0	1500	1300	K01	91.0	1710	1200
P30	89.5	1480	1450	K10	90.5	1630	1350
P40	88.5	1320	1650	K20	90.0	1550	1450
M10	91.5	1780	1200	K30	89.0	1400	1650
M20	90.0	1550	1400	K40	88.0	1200	1900

附表 1-6　耐磨零件用硬质合金的力学性能（GB/T 18376.3—2001）

代号	洛氏硬度（HRA），≥	维氏硬度（HV），≥	抗弯强度/MPa，≥	代号	洛氏硬度（HRA），≥	维氏硬度（HV），≥	抗弯强度/MPa，≥
LS10	90.0	1550	1300	LQ10	89.0	1300	1800
LS20	89.0	1400	1600	LQ20	88.0	1200	2000
LS30	88.0	1100	1800	LQ30	86.5	1050	2100
LS40	87.0	1200	2000	LV10	85.0	950	2100
LT10	85.0	950	2000	LV20	82.5	850	2200
LT20	82.5	850	2100	LV30	81.0	750	2250
LT30	79.0	650	2200	LV40	79.0	650	2300

（3）硬质合金用途

附表 1-7　切削工具用硬质合金常用牌号及用途

代号	用途		性能提高方向	
	被加工材料	使用条件	切削性能	合金性能
P01	钢、铸钢	高切削速度、小切屑截面,无振动条件下精车,精镗	切削速度↑ 进给量↓	耐磨性↑ 韧性↓
P10	钢、铸钢	高切削速度,中、小切屑截面条件下的车削、仿形车削、车螺纹,和铣削		
P20	钢、铸钢、长切屑可锻铸铁	中等切屑速度、中等切屑截面条件下的车削、仿形车削和铣削、小切削截面的刨削		
P30	钢、铸钢、长切屑可锻铸铁	中或低等切屑速度、中等或大切屑截面条件下的车削、刨削和不利条件下①的加工		
P40	钢、含砂眼和气孔的铸钢件	低切削速度、大切屑角、大切屑截面以及不利条件下①的车、刨削、切槽和自动机床上加工		
M10	钢、铸钢、锰钢、灰口铸铁和合金铸铁	中和高等切削速度、中、小切屑截面条件下的车削	切削速度↑ 进给量↓	耐磨性↑ 韧性↓
M20	钢、铸钢、奥氏体钢和锰钢、灰口铸铁	中等切削速度、中等切屑截面条件下的车削、铣削		
M30	钢、铸钢、奥氏体钢、灰口铸铁、耐高温合金	中等切削速度、中等或大切屑截面条件下的车削、铣削、刨削		
M40	低碳易切削钢、低强度钢、有色金属和轻合金	车削、切断,特别适于自动机床上加工		
K01	特硬灰口铸铁、淬火钢、冷硬铸铁、高硅铝合金、高耐磨塑料、硬纸板、陶瓷	车削、精车、铣削、镗削、刮削	切削速度↑ 进给量↓	耐磨性↑ 韧性↓
K10	布氏硬度高于 220 的铸铁、短切屑的可锻铸铁、硅铝合金、铜合金、塑料、玻璃、陶瓷、石料	车削、铣削、镗削、刮削、拉削		
K20	布氏硬度低于 220 的灰口铸铁、有色金属:铜、黄铜、铝	用于要求硬质合金有高韧性的车削、铣削、镗削、刮削、拉削		
K30	低硬度灰口铸铁、低强度钢、压缩木料	用于在不利条件下①可能采用大切削角的车削、铣削、刨削、切槽、加工		
K40	有色金属、软木和硬木	用于在不利条件下①可能采用大切削角的车削铣削、刨削、切槽加工		

①不利条件系原材料或铸造、锻造的零件表面硬度不匀,加工时的切削深度不匀,间断切削以及振动等情况。

附表 1-8　地质、矿山工具用硬质合金的用途

代号	用途	合金性能
G05	适应于单轴抗压强度小于 60MPa 的软岩或中硬岩	
G10	适应于单轴抗压强度为 60~120MPa 的软岩或中硬岩	
G20	适应于单轴抗压强度为 120~200MPa 的中硬岩或硬岩	耐磨性 ↑ 韧性 ↓
G30	适应于单轴抗压强度为 120~200MPa 的中硬岩或硬岩	
G40	适应于单轴抗压强度为 120~200MPa 的中硬岩或坚硬岩	
G50	适应于单轴抗压强度大于 200MPa 的坚硬岩或极坚硬岩	

附表 1-9　耐磨零件用硬质合金的用途

代号	用途
LS10	适用于金属线材直径小于 6mm 的拉制用模具、密封环等
LS20	适用于金属线材直径小于 20mm,管材直径小于 10mm 的拉制用模具、密封环等
LS30	适用于金属线材直径小于 50mm,管材直径小于 35mm 的拉制用模具
LS40	适用于大应力、大压缩力的拉制用模具
LT10	M9 以下小规格标准紧固件冲压用模具
LT20	M12 以下中、小规格标准紧固件冲压用模具
LT30	M20 以下大、中规模标准紧固件、钢球冲压用模具
LQ10	人工合成金刚石用顶锤
LQ20	人工合成金刚石用顶锤
LQ30	人工合成金刚石用顶锤、压缸
LV10	适用于高速线材高水平轧制精轧机组用辊环
LV20	适用于高速线材较高水平轧制精轧机组用辊环
LV30	适用于高速线材一般水平轧制精轧机组用辊环
LV40	适用于高速线材预精轧机组用辊环

附录二　各国黑色金属材料牌号对照表

(1)碳素结构钢

附表 2-1　碳素结构钢

中国 GB700	俄罗斯 ГОСТ380	美国 ASTM	英国 BS4360	法国 NF A35-501	德国 DIN 17100	日本 JIS	国际 ISO 630 1052
Q195	CT1сп			A33	St33 (St33-1)	G3113-87 SAPH32	Fe310-0
	CT1кп			A33	St33 (St33-2)	G3113-87 SAPH32	Fe310-0
Q215	CT2сп	A283GRB		A34-2	(RSt34-1)	G3112-87 SPHT2	
	CT2кп	A113GRB A283GRB		A34-1	(USt34-1)	G3101-87 SS34	
	БCT2сп	A306GR50 A283GRB		A34-2	(RSt34-2)	G3112-87 SPHT2	
	БCT2кп	A113GRB A283GRB		A34-2	(USt34-2)	G3101-87 SS34	
Q235	CT3сп	A283GRC A306GR55		E24-2 (A37-2)	RSr37-2 (RSr37-2)	G3113-87 SAPH38	Fe360B
	CT3кп	A284GRB		E24-1 (A37-1)	USt37-2 (USt37-2)	G3113-87 SAPH38	Fe360B
	БCT3сп	A283GRC A306GR55		E24-3 (A37-3)	St37-3 (St37-3)	G3113-87 SAPH38	Fe360D
	БCT3кп	A284GRB		E24-2 (A37-2)	USt37-2 (USt37-2)	G3113-87 SAPH38	Fe360C
Q255	CT4сп	A36GRB A131GBR A573GR58	GR40C GR43C	E26-2 (A42-2)	St44-2 (RSt42-2)	G3106-88 SM41B	Fe430b
	CT4кп	A36GD A131GRD A283GRD	GR40A GR43A	E26-1 (A42-1)	(USt42-2)	G3101-87 SS41	Fe430C
	БCT4сп	A36GRB A131GBR A573GR58	GR40C GR43C	E26-3 (A42-3)	St44-3 (St42-3)	G3106-88 SM41B	Fe430D
	БCT4кп	A36GD A131GRD A283GRD	GR40A GR43A	E26-3 (A42-3)	(USt42-2)	G3106-88 SM41A	Fe430A

续表

中国 GB700	俄罗斯 ГОСТ380	美国 ASTM	英国 BS4360	法国 NF A35-501	德国 DIN 17100	日本 JIS	国际 ISO 630 1052
Q275	СТ5кп	A573GR70	GR50A	A50-2	St50-2 (St50-1)	G3106-88 SM50A	1052 Fe490
	БСТ5сп	A573GR70	GR50A	A50-2	St50-2 (St50-2)	G3106-88 SM50A	1052 Fe490

中国 GB699	俄罗斯 ГОСТ	美国 AISI	英国 BS	法国 NF	德国 DIN	日本 JIS	国际 ISO 683/1
08F	08кЛ				USt14	SPH1	
10F	10кЛ				USt13	SPH2	
15F	15кЛ					SPH3	
08	08	1008	040A04 050A04			S9CK	
10	10	1010	040A10 045A10 060A10	C10 XC10	C10 CK10	S10C	
15	15	1015	040A15 050A15 060A15	C15 XC15	C15 CK15	S15C S15CK	
20	20	1020	040A20 050A20 060A20	C20 XC18	C22 CK22	S20C S20C	
25	25	1025	060A25 070M26	C25 XC25	C25 CK25	S25C	C25 C25E4 C25M2
30	30	1030	060A30	C30 XC32	C30 CK30	S30C	(C30) (C30E4) (C30M2)
35	35	1035	060A35	C35 XC35	C35 CK35	S35C	C35 C35E4 C35M2
40	40	1040	060A40	C42 XC42	C40 CK40	S40C	(C40) (C40E4) (C40M2)
45	45	1045	060A42 060A47	C45 XC45	C45 CK45	S45C	C45 C45E4 C45M2

续表

中国 GB699	俄罗斯 ГОСТ	美国 AISI	英国 BS	法国 NF	德国 DIN	日本 JIS	国际 ISO 683/1
50	50	1049 1050	060A52	C50 XC48	C50 CK50	S50C	(C50) (C50E4) (C50M2)
55	55	1055	060A57 070M35	C55 XC55	C55 CK55	S55C	C55 C55E4 C55M2
60	60	1060	060A62	C60 XC60	C60 CK60	S58C	C60 C60E4 C60M2
65	65	1064 1065	060A67	C65 XC60	C67 CK67		
70	70	1069 1070	060A72 070A72	C70 XC70	C70 CK70		
75	75	1074 1075	060A78 070A78	XC75	C75 CK75		
80	80	1080	060A83	XC80	CK80		
85	85	1084 1085	050A86 060A86	XC85	CK85		
15Mn	15Г	1016	080A15 080A17	XC12	14Mn4 15Mn3		
20Mn	20Г	1019 1022	080A20 080A22	XC18	19Mn5 20Mn5 20Mn4		
25Mn	25Г	1025 1026	080A25 080A27		26Mn5		
30Mn	30Г	1033	080A30 080M30	XC32	30Mn4 31Mn4 30Mn5		
35Mn	35Г	1037	080A35 080M36		35Mn4 35Mn5		
40Mn	40Г	1039	080A40 080M40	40M5	40Mn4		
45Mn	45Г	1046	080A47 080M46		46Mn5		
50Mn	50Г	1053 1051	080A52 080M50	XC48	50Mn5 52Mn5		

续表

中国 GB699	俄罗斯 ГОСТ	美国 AISI	英国 BS	法国 NF	德国 DIN	日本 JIS	国际 ISO 683/1
60Mn	60Г	1062 1061	080A57 080A62		CK60		
65Mn	65Г	1566	080A67		65Mn4		
70Mn	70Г	1572	080A72				

（2）合金结构钢

附表 2－2　合金结构钢

中国 GB 1591	俄罗斯 ГОСТ	美国 ASTM	英国 BS	法国 NF	德国 DIN	日本 JIS	中国 GB/T 1591
09MnV							
09MnNb							Q295
09Mn2	09Г2						
12Mn	10Г			12MF4	13Mn6		
18Nb							Q345
09MnCuPTi							
10MnSiCu	10Г2С1д						
12MnV							
16Mn	14Г2	SA299Gr. 1， Cr. 2A SA455Ty. 1， Ty. 2 SA414Gr. G	1633gR. L	A52C1 A52C2 A52CR1 A52CR2	～17Mn4 19Mn5 19Mn6	SPV32	Q345
16MnRE							
10MnPNbRE							
15MnV	15Гф	A255Gr. A A255Gr. b			15MnV5		
15MnTi							Q390
16MnNb							
14MnVTiRE							Q420
15MnVN							Q420

续表

中国 GB 3077	俄罗斯 ГОСТ	美国 AISI	英国 BS	法国 NF	德国 DIN	日本 JIS	国际 ISO
20Mn2	20Г2	1320 1321	150M19	20M5	20Mn5	SMn21	
30Mn2	30Г2	1330	150M28	32M5	30Mn5	SMn24	
35Mn2	35Г2	1335	150M36	35M5	36Mn5	SMn1	
40Mn2	40Г2	1340 1341				SMn2	
45Mn2	45Г2	1345			46Mn7	SMn3	
50Mn2	50Г2	1052			50Mn7		
20MnV					20MnV6		
30Mn2MoW							
27SiMn	27СГ				27MnSi5		
35SiMn	35СГ			38MS5	37MnSi5		
42SiMn	43СГ			38MS5	38MnSi4 46MnSi4		
20SiMn2MoV							
25SiMn2MoV							
37SiMn2MoV							
40B		14B35			35B2		
45B		50B46H			45B2		
50B		14B50					
40MnB		15B41		38MB5	40MnB4		
45MnB		15B48 50B44					
20Mn2B				20MB5			
20MnMoB		80B20					
15MnVB							
20MnVB							
40MnVB							
20MnTiBRE							
25MnTiBRE							
20SiMnVB							

续表

中国 GB 3077	俄罗斯 ГОСТ	美国 AISI	英国 BS	法国 NF	德国 DIN	日本 JIS	国际 ISO
15Cr	15X	5015 5115	523A14 523M15	12C3	15Cr3	SCr21	
15CrA	15XA						
20Cr	20X	5120	527A19 527M20	18C3 18C4	20Cr4	SCr22	683/11 20Cr4 20CrS4
30Cr	30X	5130	530A30 530A32	28C4 32C4	28Cr4	SCr2	
35Cr	35X	5135	530A36	38C4	34Cr4 37Cr4	SCr3	683/8 3,3a,3b
40Cr	40X	5140	530A40 530M40	42C4	38Cr4 41Cr4	SCr4	683/1 4,4a,4b
45Cr	45X	5145		45C4	42Cr4	SCr5	
50Cr	50X	5150 5152	En48	50C4			
38CrSi	37XC 38XC						
12CrMo	12XM	4119		12CD4	13CrMo4.4		
15CrMo	15XM	ASTM A-387Gr.B	BS1653	15CD4.05	15CrMo5 16CrMo4.4	SCM21	
20CrMo	20XM	4118	CDS12 CDS110	18CD4 20CD4	20CrMo5 22CrMo5	SCM22	
30CrMo	30XM	4130	CDS13	30CD4	25CrMo4	SCM2	
30CrMoA					32CrMo12 31CrMo12		
35CrMo	35XM	4135 4137	708A37	35CD4	34CrMo4 35CrMo4	SCM3	683/1 C35ea C35eb
42CrMo	38XM	4040 4142	708M40 708A42 709M40	40CD4 42CD4	41CrMo4 42CrMo4	SCM4	683/1 3
12CrMoV	12XMФ						
35CrMoV	35XMФ 40XMФA				35CrMoV5		
12Cr1MoV	12X1MФ				13CrMoV4.2		

续表

中国 GB 3077	俄罗斯 ГОСТ	美国 AISI	英国 BS	法国 NF	德国 DIN	日本 JIS	国际 ISO
25Cr2MoVA	25X2МФА				24CrMoV5.5		
20Cr3MoWVA	20X3МВФ				21CrVMoW12		
38CrMoA1	38XMЮOA	6370(AMS)	905M39	40CAD6.12	34CrAIMo5 41CrA1Mo7	SACM645	683/10 41CrA1Mo74
20CrV	20XФ	6120		22CrV4	22CrV4		
40CrV	40XФА	6140		42CrV4	42CrV4		
50CrVA	50XФА	6150	735A50	50CV4	50CrV4	SUP10	
15CrMn	15XГ 18XГ			16MC5	16MnCr5		
20CrMn	20XГ	5120		20MC5	20MnCr5	SMC21	
40CrMn	40XГ	5140				SMC3	
20CrMnSi	20XГС						
25CrMnSi	25XГС					SMK1 (大同制钢)	
30CrMnSi	30XГСА						
35CrMnSiA	35XГСА					SMK2 (大同制钢)	
20CrMnMo	18XГМ	4119			20CrMo5	SCM23	
40CrMnMo	40XГМ	4140					
20CrMnTi	18XГT					SMK22 (大同制钢)	
30CrMnTi	30XГT				30MnCrTi4		
20CrNi	20XH	3120	637A16 637M17	20NC6	20NiCr6		
40CrNi	40XH	3140	640A35 640M40	35NC6	46NiCr6	SNC1	
45CrNi	45XH	3145			45NiCr6		
50CrNi	50XH	3150					
12CrNi2	12XH2	3115		10NC11 14NC11	14NiCr10	SNC21	
12CrNi3	12XH3	3310 9310	655A12 655M13	10NC12 14NC12	13NiCr12	SNC22	

续表

中国 GB 3077	俄罗斯 ГОСТ	美国 AISI	英国 BS	法国 NF	德国 DIN	日本 JIS	国际 ISO
20CrNi3	20XH3		653M31	30NC11 30NC12	28NiCr10 31NiCr14	SNC2	
37CrNi3	37XH3			35NC15	35NiCr18	SNC3	
12Cr2Ni4	12X2H4	E3310		12NC15	14NiCr18		
20CrNi4	20X2H4	E3316	659A15 659M15	20NC14	22NiCr14		
20CrNiMo	20XH2M	8620 8720	805A20 805M20	20NCD2	20NiCrMo2 21NiCrMo2		
40CrNiMoA	40XHMA	4340 9840	817M40 816M40	35NCD5 40NCD3	36NiCrMo4 40NiCrMo6	SNCM8	683/1 4,4a,4b
45CrNiMoVA	45XHMФА	4347					
18Cr2Ni4WA							
25Cr2Ni4WA							

附表 2-3　保证淬透性结构钢

中国 GB/T 5216	德国 DIN	俄罗斯 ГОСТ	法国 NF	日本 JIS	英国 BS	美国		
						SAE	AISI	UNS
45H	C45,CK45	45	SC45	—	080H46	1045H	1045H	H10450
20CrH	20Cr4	20X	18C3 18C4	SCr420H	—	5120H	5120H	H51200
40CrH	38Cr4 41Cr4	40X	42C4	SCr440H	530H40	5140H	5140H	H51400
45CrH	42Cr4	45X	45C4	—	—	5145H	5145H	H51450
40MnBH	40MnB4	—	38MB5	—	—	15B48H	15B48H	H15411
45MnBH	—	—	—	—	—	15B48H	15B48H	H15481
20CrMnMoH	—	25XГM （18XГM）	—	—	—	—	—	—
20CrMnTiH	22NiCr14	20XH3	20NC11	—	—	—	—	—
12Cr2Ni4H	14NiCr18	12X2H4	12NC15	—	659H15	3310H	3310H	—
20CrNiMoH	20NiCrMo2	20XHM	20NCD2	SNCM220H	805H20	8620H	8620H	H86200

（3）弹簧钢

附表 2 - 4　弹簧钢

中国 GB 1222	俄罗斯 ГOCT 14959	美国 AISI	英国 BS 970 part5	法国 NF A35 - 571	德国 DIN 17221	日本 JIS G4801	国际 ISO
65	65		080A67	XC65	CK65 1.1235		
70	70		080A72		1.1234		
85	85	1095	080A83			SUP4	
65Mn	65Г		080A867				
55Si2Mn	55C2	9255	250A53	55S7	55Si7 1.0904		
55Si2MnB							
55SiMnVB							
60Si2Mn	60СГА	9260	250A58		60SiMn5 1.0908	SUP6	
60Si2MnA	60СГА					SUP7	
60Si2CrA	60c2ФA	9254		60SC7	60SiCr7 1.0961	SUP12	
60Si2CrVA	60C2XФA						
55CrMnA					55Cr3 1.7176	SUP9	
60CrMnA			526M60			SUP9	
60CrMnMoA					CrMnMo443 1.7266	SUP13	
50CrVA	50XФA	6150	735A50	50CV4	50CrV4 1.8159	SUP10	
60CrMnBA	55XГP				52MnCrB3 1.7138	SUP11A	
30W4Cr2VA							

（4）工具钢

附表 2 - 5　碳素工具钢

中国 GB 1298	俄罗斯 ГОСТ 1435	美国 ASTM A686	英国 BS 4659	法国 NF A35 - 590	德国 DIN 17350	日本 JIS G4401	国际 ISO 4951
T7	y7		RWB0.7	Y1 70	C70W2 1.1620	SK7	TC70
T8	y8	W1 - 0.8C		Y1 80	C80W1 1.1525	SK6	TC80
T8Mn	y8r	W1 - 8			C85WS 1.1830	SK5	
T9	y9	W1 - 8$^{1/2}$	BW1A	Y1 90		SK5	TC90
T10	y10	W1 - 9$^{1/2}$	BW1B	Y1 105	C105W2 1.1645	SK4	TC105
T11	y11	W1 - 10$^{1/2}$			C110W2 1.1654	SK3	
T12	y12	W1 - 11$^{1/2}$	BW1C	Y1 120	C110W2 1.1654	SK2	
T13	y13	W1 - 12$^{1/2}$			C125W2 1.1663	SK1	

附表 2 - 6　合金工具钢

中国 GB 1299	俄罗斯 ГОСТ	美国 ASTM AISI	英国 BS	法国 NF	德国 DIN	日本 JIS	国际 ISO
9SiCr	9XC				90CrSi5 1.2108		
8MnSi					C75W3		
Cr06	13X X05	W5			140CrV1	SKS8	
Cr03							
6Cr13							
Cr2	X	L3		Y100C6	105Cr5 1.2060		
9Cr2	9XC	L7	BL3	Y100C6	100Cr6 1.2067		
W	B1	F1	BF1	100WC10	120W4 1.2414	SKS21	
4CrW2Si	4XB2C				35WCrV7	SKS41	

续表

中国 GB 1299	俄罗斯 ГOCT	美国 ASTM AISI	英国 BS	法国 NF	德国 DIN	日本 JIS	国际 ISO
5CrW2Si	5XB2C	S1	BS1653	55WC20	45WCrV7 1.2542		
6CrW2Si	6XB2C				60WCrV7		
Cr12	X12	D3	BD3	Z200C12	X210Cr12 1.2436	SKD1	
Cr12Mo1V1		D2	BD2	Z160CDV12	X165CrMoV12 1.2601	SKD11	
Cr12MoV	X12M					SKD11	
Cr5Mo1V		A2	BA2	Z38CDV5	X100CrMoV51 1.2363	SKD12	
9Mn2V		O2	BO2	90MV8	90MnV8 1.2842		
CrMWn	XBГ	O7			105WCr6 1.2419	SKS31	
9CrWMn	9XBГ	O1	BO1	90MCW5	100MnCrW4 1.2510	SKS3	
Cr4W2Mn							
6Cr4W3Mo2VNb							
6w6Mo5Cr4V					40CrmNmO7 1.2311	SKT5	
5CrNiMo		L6		55NCDV7	55NiCrMoV6 1.2713	SKT4	
3Cr2W8V	3X2B8Ф	H21	BH21	Z30WCV9	X30WCrV93 1.2581	SKD5	
5Cr4Mo3SiMnVA1							
3Cr3Mo3W2V							
5Cr4W5Mo2V							
8Cr3	8X3						
4CrMnSiMoV							
4Cr3Mo3SiV							
4Cr5MoSiV	4X5МФC	H11	BH11	Z38CDV5	X38cRmOv51 1.2343	SKD6	
4Cr5MoSiV1	4X5МФ1C	H13	BH13		X40CrMoV51 1.2344	SKD61	

续表

中国 GB 1299	俄罗斯 ГОСТ	美国 ASTM AISI	英国 BS	法国 NF	德国 DIN	日本 JIS	国际 ISO
4Cr5W2VSi							
7Mn15Cr2 – A13V2WMo							
3Cr2Mo		P20					

附表 2 – 7　高速工具钢

中国 GB 9943	俄罗斯 ГОСТ 19265	美国 AISI/ASTM A600	英国 BS 4659	法国 NF A35 – 590	德国 DIN 17350	日本 JIS G4403	国际 ISO
W18Cr4V	P18	T1	BT1	Z80WCV 18 – 04 – 01	S18 – 0 – 1 1.3355	SKH2	HS18 – 0 – 1
W18Cr4VCo5	P18K5Ф2	T4	BT4	Z80WCKCV 18 – 05 – 04 – 01	S18 – 1 – 2 – 5 1.3255	SKH3	HS18 – 1 – 1 – 5
W18Cr4V2Co8		T5	BT5		S18 – 1 – 2 – 10 1.3265	SKH4A	HS18 – 0 – 1 – 10
W12Cr4V5Co5	P10K5Ф5	T15	BT15	Z160WKCV 12 – 05 – 05 – 04	S12 – 1 – 4 – 5 1.3202	SKH10	HS12 – 1 – 5 – 5
W6Mo5Cr4V2	P6M3	M2 （一般含碳量）	BM2	Z85WDCV 06 – 05 – 04 – 02	S6 – 5 – 2 1.3343	SKH51	HS6 – 5 – 2
CW6Mo5Cr4V2		M2 （高含碳量）					
W6Mo5Cr4V3		M3 – 1	BM3		S6 – 5 – 3	SKH52	HS6 – 5 – 3
CW6Mo5Cr4V3		M3 – 2			S6 – 5 – 3 1.3344	SKH53	
W2Mo9Cr4V2		M7	BM7	Z100DCWV 09 – 04 – 02 – 02	S2 – 9 – 2 1.3348	SKH58	HS2 – 9 – 2
W6Mo5Cr4V2Co5					S6 – 5 – 2 – 5	SKH55	H6 – 5 – 2 – 5
W7Mo4CrV2CO5	P6M5K5	M41	–	Z110WKCDV 07 – 05 – 04 – 0402	S7 – 4 – 2 – 5 1.3246	MH41	HS7 – 4 – 2 – 5
W2Mo9Cr4VCo8		M33，M34	BM34	Z110DKCWV 09 – 08 – 04 – 02 – 01	S2 – 9 – 2 – 8 1.3249	YXM34	HS2 – 9 – 1 – 8
W9Mo9Cr4V							
W6Mo5Cr4V2A1							

附录三 法定计量单位

（1）国际单位制的基本单位

附表 3-1 国际范围制的基本单位

量的名称	单位名称	单位符号
长度	米	m
质量	千克［公斤］	kg
时间	秒	s
电流	安［培］	A
热力学温度	开［尔文］	K
物质的量	摩［尔］	mol
发光强度	坎［德拉］	cd

（2）国际单位制的辅助单位

附表 3-2 国际单位制的辅助单位

量的名称	单位名称	单位符号
［平面］	弧度	Rad
立体角	球面度	sr

（3）国际单位制中具有专门名称的导出单位

附表 3-3 国际单位制中具有专门名称的导出单位

量的名称	单位名称	单位符号	其他表示示例
频率	赫［兹］	Hz	s^{-1}
力,重力	牛［顿］	N	$kg \cdot m/s^2$
压力,压强,应力	帕［斯卡］	Pa	N/m^2
能［量］功,热	焦［耳］	J	$N \cdot m$
功率,辐［射能］通量	瓦［特］	W	J/s
电荷［量］	库［仑］	C	$A \cdot s$

续表

量的名称	单位名称	单位符号	其他表示示例
电位,电压,电动势,(电势)	福[特]	V	W/A
电容	法[拉]	F	C/V
电阻	欧[姆]	Ω	V/A
电导	西[门子]	S	A/V
磁通[量]	韦[伯]	Ws	V·s
磁通[量]密度,磁感应强度	特[斯拉]	T	Wb/m^2
电感	亨[利]	H	Wb/A
摄氏温度	摄氏度	℃	
光通量	流[明]	lm	cd·sr
[光]照度	勒[克斯]	lx	lm/m^2
[放射性]活度	贝克[勒尔]	Bq	s^{-1}
吸收剂量	戈[瑞]	Gy	J/kg
剂量当量	希[沃特]	Sv	J/kg

（4）国家选定的非国际单位制单位

附表3-4　国家选定的非国际单位制单位

量的名称	单位名称	单位符号	换算关系和说明
时间	分	min	1 min = 60 s
	[小]时	h	1 h = 60 min = 3600 s
	日,[天]	d	1 d = 24 h = 86400 s
[平面]角	[角]秒	(″)	$1'' = (\pi/64800)$ rad
	[角]分	(′)	$1' = 60'' = (\pi/10800)$ rad
	度	(°)	$1° = 60' = (\pi/180)$ rad；π 为圆周率
旋转速度	转每分	r/min	1 r/min $= (1/60)$ s^{-1}
长度	海量	n mile	1 n mile = 1852 m（只适用于航程）
速度	节	kn	1 kn = 1 n mile/h = (1852/3600) m/s（只适用航行）
质量	吨	t	$1 t = 10^3 kg$
	原子质量单位	u	$1 u \approx 1.6605655 \times 10^{-27} kg$

续表

量的名称	单位名称	单位符号	换算关系和说明
体积,容积	升	L, (l)	$1L = 1dm^3 = 10^{-3}m^3$
能	电子伏	eV	$1eV = 1.6021892 \times 10^{-19}J$
级差	分贝	dB	
线密度	特[克斯]	tex	$1tex = 1g/km$

（5）由以上单位构成的组合形式的单位

附表3-5　用于构成十进倍数和分数单位的词头

所表示的因数	词头名称	词头符号	所表示的因数	词头名称	词头符号
10^{18}	艾[可萨]	E	10^{-1}	分	d
10^{15}	拍[它]	P	10^{-2}	厘	c
10^{12}	太[拉]	T	10^{-3}	毫	m
10^9	吉[咖]	G	10^{-6}	微	μ
10^6	兆	M	10^{-9}	纳[诺]	n
10^3	千	k	10^{-12}	皮[可]	p
10^2	百	h	10^{-15}	飞[母托]	f
10^1	十	da	10^{-18}	阿[托]	a

（6）由词头和以上单位构成的十进倍数和分数单位

附表3-6　用基本单位等构成的组合形式的单位

量的名称	量的单位	单位符号		量的名称	单位名称	单位符号	
		国际	中文			国际	中文
面积	平方米	m^2	米^2	重度	牛顿每立方米	N/m^3	牛/米^3
体积(容积)	立方米	m^2	米^3	(动力)粘度	帕斯卡妙	$Pa \cdot s$	帕·秒
速度	米每秒	m/s	米/秒	运动粘度	平方米每秒	m^2/s	米^2/秒
加速度	米每秒平方	m/s^2	米/秒^2	(体积)流量	立方米每秒	m^3/s	米^3/秒
角速度	弧度每秒	Rad/s	弧度/秒	质量流量	千克每秒	kg/s	千克/秒
角加速度	弧度每秒平方	Rad/s^2	弧度/秒^2	线膨胀系数	每开尔文	K^{-1}	开$^{-1}$
旋转频率,(转速)	每秒	s^{-1}	秒$^{-1}$	热导率(热导系数)	瓦特每米开尔文	$W/(m \cdot K)$	瓦/(米·开)
波数	每米	m^{-1}	米$^{-1}$				

续表

量的名称	量的单位	单位符号		量的名称	单位名称	单位符号	
		国际	中文			国际	中文
密度	千克每立方米	kg/m^3	千克/米³	传热系数	瓦特每平方米开尔文	$W/(m^2 \cdot K)$	瓦/(米²·开)
力矩	牛顿米	$N \cdot m$	牛·米				
动量	千克米每秒	$kg \cdot m/s$	千克·米/秒	热容	焦耳每开尔文	J/K	焦/开
角动量，（动量矩）	千克米平方每秒	$kg \cdot m^2/s$	千克·米²/秒	比热容	焦耳每千克开尔文	$J/(kg \cdot K)$	焦/(千克·开)
转动惯量	千克米平方	$kg \cdot m^2$	千克·米²				
断面惯性矩	米四次方	m^4	米⁴	电场强度	伏特每米	V/m	伏/米
断面系数	米立方	m^3	米³	电流密度	安培每平方米	A/m^2	安/米²
表面张力	牛顿每米	N/m	牛/米	电阻率	欧姆米	$\Omega \cdot m$	欧·米

注：组合形式的单位是用基本单位和(或)辅助单位等以代数形式表示。其符号借助于乘和除的数学符号得出。例如，速度的 SI 单位为米每秒(m/s)，角速度的为弧度每秒(rad/s)

（7）单位换算表

附表 3-7　某些单位与法定计量单位的关系

量的名称	单位名称	符号	与法定计量单位的关系
长度	千米	kg	1 千米 = 1km = 10^3 m
	费米	Å	1 费米 = 1fm = 10^{-15} m
	埃		1Å = 0.1nm = 10^{-10} m
	英寸	in	1in = 25.4mm
面积	公顷	a	1a = 1dam² = 10^2 m²(dam 为公丈，十米)
		hm²	1hm² = 10^{14} m²
	平方英寸	in²	1in² = 645.16mm²
力	达因	dyn	1dyn = 10^{-5}N
	千克力(公斤力)	kgf	1kgf = 9.80665N ≈ 10N
	磅力	1bf	1bf = 4.44822N
加速度	伽	Gal	1Gal = 1cm/s² = 10^{-2} m/s²
力矩	千克力米	kgf · m	1kgf · m = 9.80665N · m
压力、压强	巴	bar	1bar = 0.1MPa = 10^5 Pa
	标准大气压	atm	1atm = 101325Pa
	托	Torr	1 托 = (101325//760Pa)
	毫米汞柱	mmHg	1 毫米汞柱 = 133.3224Pa
	千克力/厘米²	kgf/cm²(at)	1kgf/cm² = 9.80665 × 10^4 Pa
	(工程大气压)毫米水柱	mmH₂O	1 毫米水柱 = 9.80665Pa

续表

量的名称	单位名称	符号	与法定计量单位的关系
应力	千克力每平方毫米	kgf/mm²	$1kgf/mm^2 = 9.80665 \times 10^6 Pa$
	千镑每平方英寸	ksi	$1ksi = 6.89476MPa$
	磅每平方英寸	lb/in³	$1b/in^3 = 27.6799g/cm^3$
动力粘度	泊	P	$1P = 1dyn \cdot s/cm^2 = 0.1Pa \cdot s$
运动粘度	斯[托克斯]	St	$1St = 1cm^2/s = 10^{-4}m^2/s$
功,能	千克力米,公斤力米	kgf·m	$1kgf \cdot m = 9.80665J$
	瓦特小时	W·h	$1W \cdot h = 3600J$
	磅力每英尺	1bf·ft	$1bf \cdot ft = 1.3558J$
功率	马力	HP, hp	1 马力 $= 735.49875W = 75kgf \cdot m/s$
温度	摄氏度	℃	$°F = \frac{9}{5}℃ + 32$
	华氏度	°F	$℃ = \frac{9}{5}(°F - 32)$
	升氏度	K	$1°F = 0.555556K$
热量	卡	cal	$1cal = 4.1868J$
	热化学卡	cal$_{th}$	$cal_{th} = 4.1840J$
	应热单位	Btu	$1Btu = 1.05506KJ$
比热容	卡每克摄氏度	cal/(g·℃)	$1cal/(g \cdot ℃) = 4.1868 \times 10-3J/(g \cdot K)$
	千卡每千克摄氏度	kcal/(kg·℃)	$1cal/(kg \cdot ℃) = 4.1868 \times 10-3J/(kg \cdot K)$
传热系数	卡每平方厘米秒摄氏度	cal/(cm²·s·℃)	$1cal/(cm^2 \cdot s \cdot ℃) = 4.1868 \times 10^4 W/(m^2 \cdot K)$
导热系数	卡每厘米秒摄氏度	cal/(cm·s·℃)	$1cal/(cm \cdot s \cdot ℃) = 4.1868 \times 10^2 W/(m \cdot K)$
磁场强度	奥斯特	Oe	$1Oe$ 相当于 $(1000/4\pi)A/m$
磁感应强度 磁通密度	高斯	Gs	$1Gs$ 相当于 $10^{-4}T$
截面	靶恩	b	$1b = 10^{-28}m^2$
放射性活度	居里	Ci	$1ci = 3.7 \times 10^{10}Bq$
照射量	伦琴	R	$1R = 2.58 \times 10^{-4}(C/kg)$
照射率	伦琴每秒	R/s	$1R/s = 2.58 \times 10^{-4}(C/kg \cdot s)$

附表 3-8 英寸(in)与毫米(mm)对照表

in	1/64	1/32	3/64	1/16	5/64	3/32	7/64	1/8	9/64	5/32
mm	0.397	0.794	1.191	1.588	1.984	2.381	2.778	3.175	3.572	3.969
in	11/64	3/16	13/64	7/32	15/64	1/4	17/64	9/32	19/64	5/16
mm	4.366	4.763	5.159	5.556	5.953	6.350	6.747	7.144	7.541	7.938
in	21/64	11/32	23/64	3/8	25/64	13/32	27/64	7/16	29/64	15/32

续表

in	1/64	1/32	3/64	1/16	5/64	3/32	7/64	1/8	9/64	5/32
mm	8.334	8.731	9.128	9.525	9.922	10.319	10.716	11.113	11.509	11.906
in	31/64	1/2	33/64	17/32	35/64	9/16	37/64	19/32	39/64	5/8
mm	12.303	12.700	13.097	13.494	13.891	14.288	14.684	15.081	15.478	15.875
in	41/6453/64	21/32	43/64	11/16	45/64	23/32	47/64	3/4	49/64	25/32
mm	16.272	16.669	17.066	17.463	17.859	18.256	18.653	19.050	19.447	19.844
in	51/64	13/16	53/64	27/32	55/64	7/8	57/64	29/32	59/64	15/16
mm	20.241	20.638	21.034	21.431	21.820	22.225	22.622	23.019	23.416	28.813
in	61/64	31/32	63/64	1	2	5	8	10		
mm	24.209	24.606	25.003	25.4	50.800	127.000	203.200	254.000		